JN086736

花と昆虫のしたたかで素敵な関係

受粉にまつわる生態学

石井博
Hiroshi S Ishii

まえがき

この本は、花や虫に興味をもっていて、少し踏み込んだことまで学んでみたい、という人や、これから送粉生態学（植物の受粉に関わる生態学）について学んでみたい、という人たちに向けて書いたものです。

花や送粉者（花粉を運ぶ動物たち）について書かれたこれまでの本は、一部のトピックを取り上げたものを除けば、専門家を対象にしたものか（とっても難しい！）、小さな子供向けに書かれたもの（とっても簡単！）ばかりで、その間を埋めるような本はほとんどありません。誰かがそのような本を書いてくれたらなぁ、と思っていたところにお声がけいただいたのが、この本を書くことになったきっかけです。

ですから、花と送粉者の関係について、なるべく網羅的に、それなりに踏み込んだことまで、最近の話題も交えながら、専門的な知識がなくても理解できることを目標にして書いたつもりです。

19世紀にイギリスの詩人ジョン・キーツは、自身の詩のなかで、ニュートンが虹の科学的特性を解明したことで、虹の詩的（抒情的）な美しさが奪われてしまったと嘆いたといいます。これに対し、現代のイギリスの生物学者であるリチャード・ドーキンスは、科学やそこから得られた知識は、自然の詩的な美しさを剥奪するものではなく、むしろ、自然から受ける感動や、自然に触れたときに感じる、ある種の不思議な感覚「センス・オブ・ワンダー（sense of wonder）」を、さらに深く呼び起こすものだと反論しました。

私は全面的にドーキンスに賛成です。花は、その美しさゆえ、昔から多くの人々を感動させ、魅了してきました。しかし、花や、花に関わる生き物たちから得られる感動が、科学者たちが解き明かしてきた、花をとりまく、多彩で、素敵で、面白い、そして時に信じられないような「物語」を知ることで、さらに大きく、奥深いものになることは間違いありません。

この本を通じて、読者の皆さんとそんな感覚を共有できれば、それに勝る幸せはありません。

目次

contents

第 1 章

なぜ多くの植物種が動物に受粉を依存しているのか？

約4億5000万年前、古生代のオルドビス紀に陸上への進出を果たした植物（陸上植物）は、進化とともに多様化し、陸上のほぼすべての地域にその勢力を拡大しました。現在の地球に生育する陸上植物の種数はとても多く、その系統も多岐にわたりますが、大まかな内訳は、コケ植物が約2万3000種、シダ植物が約1万5000種、種子植物が約35万種と見積もられています。最も種数が多い種子植物は、**裸子植物と被子植物**★1に分けられますが、現存する裸子植物はわずかに800種ほどです。これはつまり、現在の地球上に生育する陸上植物種の、約9割は被子植物であることを意味しています。

このように陸域での繁栄を謳歌している被子植物は、じつは、さらにその約9割もの種が、受粉のための花粉の運搬（送粉）を、動物（主に昆虫）に依存しているといわれています。あまり知られていませんが、裸子植物のなかにも受粉を動物に依存している種が存在しています（胞子で増えるコケ植物やシダ植物は、種子も花粉も生産しないので、そもそも受粉が存在しません）。

なぜ、これほどまでに多くの植物種が、受粉を動物たちに依存するようになったのでしょうか。この本のテーマである「花と、花を訪れる動物たちのはなし」は、ここから始めたいと思います。

1 裸子植物と被子植物
種子植物のうち、胚珠（成長して種子になる器官）が子房（めしべの基部にある膨らんだ部位）に包まれているものを被子植物、子房がなく胚珠がむき出しの状態で存在しているものを裸子植物といいます。

2 裸子植物の花
形態学的な特徴を重視して、被子植物だけが花と呼べる器官をもっていて、裸子植物は花と呼べる器官をもっていないという立場をとる研究者も少なくありません。ですがこの本では機能的な特徴を重視して、「花粉を生産して放出する機能（雄としての機能）」または「花粉そもそも受粉とは、種子植物の雌性器官に花粉が付着することをいいます。被子植物では花粉が雌しべの先端（柱頭）に付着することを受粉というのに対し、**裸子植物の花**[★2]には雌しべと呼べる器官がないので、裸子植物では胚珠のある場所に花粉が到達することを受粉と呼びます。

種子植物にとって受粉とは、他個体との交配を通じて種子をつくるのに不可欠な、とても大事なイベントです。種子植物における種子の発生は、胚珠のなかにある卵細胞（雌性配偶子）が、花粉のなかにある精細胞（雄性配偶子）と受精することで始まりますが、受精が起きるためには、それに先駆けて受粉が起きる必要があるからです。

じつは、種子植物であっても、受粉に頼らずに増殖する（繁殖する）ことはできます。というのも、多くの植物種は、ムカゴの生産や株分けなどを通じて、自分自身のクローン（遺伝的に同一の別個体）をつくることができるからです。また、**無融合種子形成**[★3]といって、受精を経ずに種子をつくることができる種子植物も存在します。しかし、他個体との交配を経ずにつくられた子孫集団は遺伝的に均一になるため、特定の病原菌や寄生者に対して脆弱である（絶滅のリスクが高い）といわれています。このため、多くの種子植物にとって、受粉を通じ

を受け取って種子を生産する機能（雌としての機能）」のうち、少なくともどちらか一方を司る植物の器官のことを「花」と定義したいと思います。この定義のもとでは裸子植物も花を持っていることになります。

3 無融合種子形成　無融合種子形成によってできた種子からは、親植物のクローンが生じます。無融合種子形成を行なう植物には、セイヨウタンポポ（キク科）やキイチゴ（バラ科）などが知られています。

た種子の生産は、安定して子孫を紡いでいくために必須の過程だと考えられています。種子植物種の多くが花粉の運搬（送粉）を虫や鳥たちに頼っているということは、そのような動物（**送粉者**[★4]）たちがいなければ、種子植物種の多くは安定して子孫を紡いでいくことができず、地球上から姿を消してしまうかもしれないことを意味しているのです。

では、なぜ種子植物種の多くは、受粉のための花粉の運搬を動物に依存しているのでしょうか。この理由の一部は、植物の固着性と、種子植物がつくる花粉の構造にあるといわれています。植物は動き回ることができません。また、**花粉は硬い殻**[★5]で覆われているため、**精子**[★6]のような運動能力がありません。このため、他個体との交配を通じて子孫を残すためには、なにかしら動けるものに花粉を託し、交配相手に届ける必要があるのです。これが、動物たちに花粉を託すようになった理由ではないか、というわけです。

しかし、それだけでは、これだけ多くの植物種が動物に受粉を依存するようになった理由としては不十分です。なぜなら、交配相手に花粉を届けるだけなら、動物に頼る以外に、風に頼るという手段もあるからです。事実、花粉症を引き起こして多くの人々を悩ませているスギやシラカバのような木本植物や、

4 送粉者
この本では、花粉の運搬をする動物たちのことを「送粉者」と呼びます。これは「送粉動物」「花粉媒介動物」「ポリネーター（pollinator）」などと呼ばれているものと同義です。

5 花粉は硬い殻で覆われている
この硬い殻のため、花粉はある程度の乾燥に耐えることができます。花粉の乾燥に対する耐性は、陸上における種子植物の生育範囲の拡大を可能にした要因のひとつだと考えられています。

6 精子
運動能力をもつ精細胞（雄性の生殖細胞）のこ

草原を構成するイネ科やカヤツリグサ科などの草本植物のように、花粉の運搬を風に頼る植物も少なからず存在しています。また、種数は多くありませんが、水生の被子植物には、クロモやキンギョモのように、花粉の運搬を水の流れに頼っているものもあります。被子植物の約9割もの種が送粉を動物に依存していることには、他にもなにか理由があるはずです。

そこで、風に依存した花粉媒介様式（風媒）と、送粉者に依存した花粉媒介様式（動物媒）、それぞれのメリットとデメリットを挙げることで、その理由を考えてみましょう。

まず、風媒のメリットは、なんといっても送粉者を誘引するためのさまざまな仕組み、つまり目立つ花弁や花蜜などの報酬を用意する必要がないことです。一方、デメリットは、大量の花粉を生産する必要があることです。ある花から放出された花粉が、風によって運ばれ、たまたま同じ種類の植物の花の柱頭（雌しべの先端）にたどりつく確率は決して高くありません。このため大量の花粉を風に乗せ、「数打てば当たる」という戦略をとる必要があります。我々が花粉症で悩まされるのも、風媒の植物種が大量の花粉を空気中に放出しているためです。森のなかのように風通しが悪いところでは花粉の散布がうまく行なえない

と。コケ植物やシダ植物の場合、精子が卵細胞のところまで泳いでたどりつくことで受精が行なわれます。しかし精子は水がないと泳ぐことができません。このことは、コケ植物やシダ植物の多くが湿った場所にしか生育できない理由のひとつになっています。余談ですが、裸子植物のイチョウやソテツでは、花粉が胚珠に到達（受粉）すると花粉から精子が放出されます。この精子が胚珠内の液滴のなかを泳ぎ、卵細胞に到達することで受精が行なわれます。

のも風媒のデメリットだといわれています。

じつは、風媒にはもうひとつ大きなデメリットがあると考えられています。それは、複数の植物種の花が同じ季節に同所的に咲いていると、同種の花粉だけでなく、他種の花粉も受け取る可能性が高くなってしまうということです。他種の花の柱頭に付着した花粉は、柱頭の表面を覆い、正当な受粉、つまり同種の花粉による受粉の機会を奪ってしまうことがあります。風媒は、同所的に生育する他種の植物種に、**繁殖の邪魔**★7をされてしまう可能性が高いのです。

では、動物媒はどうでしょうか。動物媒は花に来てくれる送粉者がいなければ有効に機能しません。そのため、送粉者を誘引するために、花弁や花蜜などに資源を投資する必要があります。しかし、花蜜などの報酬を求めて花を訪れる動物は、花を探して積極的に花から花へと飛び回ってくれるため、花粉は花から花へ高い確率で移動します。これは植物にとって大きなメリットです。

そしてじつは、花を訪れる動物（**訪花者**★8）には、植物にとってもうひとつ都合のいい性質があります。それは、複数の植物種の花が混在して咲いている状況であっても、種や個体ごとに（または同じ個体でもその時々で）、**同じ種類の花を選択的に訪れる傾向**★9があるということです。送粉者が同じ種類の花を選択

7 繁殖の邪魔
ある生物種が別の生物種の繁殖の邪魔をすることを「繁殖干渉」といいます。

8 訪花者
この本では花粉を運搬する動物のことを送粉者、花を訪れる動物のことを訪花者と呼びます。すべての送粉者は訪花者だといえますが、すべての訪花者が送粉者というわけではありません（第5章参照）。

9 同じ種類の花を選択的に訪れる傾向
訪花者による選択的な訪花傾向のうち、種ごとの性質を「選好性」、個体ごとの性質を「定花性」と

的に訪花しつづければ、異なる植物種間の送粉はあまり起こらず、同種植物種間の送粉が相対的に多く行なわれることになります。このため動物媒には、風媒に比べ、同所的に開花していている他の植物種からの繁殖干渉を受けにくいというメリットがあるのです。

おそらくこれこそが、[10]**被子植物の多くが花粉の媒介を動物に依存**している理由です。多くの植物種は、他の植物種と共存しつつ生育しています。そのため動物媒でないとやっていけないのです。

冷帯や寒帯の森林、河川敷の草原など、植物種の多様性が比較的小さく、同種の植物が密に生育しているような場所では、風媒の植物種が優占しているのは、それほど珍しいことではありません。しかし、温帯から熱帯のように、植物の多様性が高いところでは風媒の植物種の割合は小さくなり、動物媒の植物種の割合が圧倒的に大きくなります。こうした事実は、植物の多様性が小さい場所では風媒でも有効に機能する一方で、植物の多様性が大きい場所では動物媒のほうが有効であることを裏付けているように思います。

さて、ここまでを振り返ってみると、陸上にこれだけの植物種が存在しているのは、そもそも送粉者たちの働きに負うところが大きいのだということがわ

いいます。選好性や定花性については、第4章で詳しく取り上げます。

10 被子植物の多くが花粉の媒介を動物に依存　これに対し、裸子植物の多くは風媒であるといわれています。これは、現存する裸子植物種の約7割が、球果類（マツやスギなど針葉樹の仲間）というグループで占められていることと関係しているのかもしれません。というのも、球果類以外の裸子植物には、ソテツ類やグネツム類、そして化石種（絶滅種）のなかに、動物媒と思われるものが少なからず知られていますが、球果類に属する種は、すべて風媒だからで

かります。送粉者たちの働きによって複数の植物種が同所的に共存することが容易にならなければ、植物のこれほどの多様化はありえなかったからです。

恐竜が全盛期を迎えていた中生代のジュラ紀から白亜紀にかけて、**種子植物**[★11]**のなかに動物媒の植物が誕生**すると、植物（特に被子植物）の多様化は加速したといわれています。そしてそのことが、植物を利用する動物たちの、さらなる多様化をもたらしたと考えられています。こうしてみると、送粉者は、多種多様な生き物たちによって成り立つこの世界の構築に、多大な貢献をしてきた存在だといえるのではないでしょうか。

す。球果類以外の裸子植物の系統は、中生代のジュラ紀から白亜紀にかけて、当時誕生したばかりの被子植物が勢力を拡大するのに伴い、勢力を衰退させたといわれています。つまり、裸子植物の多くが風媒なのは、裸子植物で動物媒が進化しにくかったからではなく、裸子植物のなかで、現在も多くの種数を維持しているのが、風媒の球果類だけだからかもしれません。球果類のすべてが風媒である理由ははっきりしませんが、球果類の多くが寒冷な気候帯で多様性の低い林を構成する樹種であるため、風媒でも都合が悪くなかったのかもしれません。

11 種子植物のなかに動物媒の植物が誕生

中生代ジュラ紀の裸子植物の化石からは、花粉の運搬を動物（おそらく昆虫）に依存していたと思われる、それまでの時代にはなかった比較的大きな花が見つかっています。また、被子植物はジュラ紀に誕生したといわれていますが、化石からは、この時代の初期の被子植物たちは、花粉の媒介をすでに昆虫に依存していたことが示唆されています。

第 2 章

さまざまな送粉者

前章では、花粉を媒介する動物のことを、「送粉者」という言葉で一括りにしてきました。しかし実際には、非常に多くの種類の動物種が送粉者として機能しています。ある見積もりによれば、じつに20万〜30万種もの動物種が、送粉者として機能しているとのことです。種子植物の種数が約35万と見積もられていることを踏まえると、種子植物の種数に匹敵するだけの動物種が、送粉者として機能していることになります。

こうした送粉者の多くは昆虫です。小さくて飛び回ることができる昆虫は、花から花へ花粉を運ぶ担い手として、とても適した存在です。送粉者として機能している昆虫は、特にハチ目（膜翅目《まくし》）・ハエ目（双翅目《そうし》）・チョウ目（鱗翅目《りんし》）・コウチュウ目（鞘翅目《しょうし》）に多く、この4目で**9割以上**[12]の動物媒植物種の受粉を担っているといわれています。

とはいえ、この4目以外にも、送粉者として機能している動物種は知られています。例えば、**アザミウマ目**[13]（総翅目《そうし》）の昆虫は、主に熱帯地方で、いくつかの植物種の送粉者として重要な役割を果たしているといわれています。太平洋のガラパゴス諸島やインド洋の海洋島では、バッタ目（直翅目《ちょくし》）の昆虫に送粉を依存している植物種が報告されています。数は少ないものの、**ゴキブリ目の仲**[14]

12 9割以上
ただしこの見積もりは、今後研究が進み、マイナーな送粉者たちの働きが明らかになるにつれて、下がっていくかもしれません。

13 アザミウマ目
細長い体型の微小な昆

ハチ目

ハエ目

チョウ目

コウチュウ目

◉送粉者として機能する種を多く含む昆虫4目

間が送粉者として機能していているという報告もあります。カメムシ目（半翅《はんし》目）やハサミムシ目（革翅《かくし》目）の仲間にも、花蜜や花粉を求めて花にやって来るものが少なくないので、彼らのなかにも送粉者として機能しているものがいても不思議ではありません。

中生代のジュラ紀から白亜紀にかけての時代、まだ被子植物が少なく、訪花性昆虫の多様化が起きていなかったころ

虫。成虫の翅は膜状ではなく、棒状の本体に細かい毛が羽毛のように総状《ふさじょう》に密生しています。このため総翅目とも呼ばれます。

14 ゴキブリ目による送粉
例えばヤッコソウ（ヤッコウソウ科）という寄生植物（自分で光合成をせず、他の植物種から養分を奪って生活する植物）が、ゴキブリやカマドウマ、スズメバチに送粉されていることが、神戸大学の末次健司さんによって報告されています。

◉花の中のアザミウマ［写真提供］酒井章子氏

には、裸子植物のなかに、**シリアゲムシ目**[15]（長翅《ちょうし》目）の昆虫を送粉者として利用していた植物があったのではないかともいわれています。この時代のシリアゲムシの化石から、花蜜を吸うような長い**口吻**[16]（こうふん）をもつものが見つかったことと、この時代の裸子植物の化石に、動物媒と思われる大きな花をもつものが含まれていたことが、この説の根拠となっています。私自身、シリアゲムシの仲間が花に来て花粉を食べているのを見かけることがあるので、彼らの一部は、現代でも送粉者としての機能を有しているのかもしれません。

　昆虫以外では、鳥類に送粉者とし

15 シリアゲムシ目
細長い体、長い足、膜状の翅をもつ、儚げな昆虫。オスが腹の端（尻）を背中側に持ち上げているので「尻上げ虫」と名づけられたようです。これがサソリの尾のように見えるので、英語圏ではスコーピオンフライ（scorpionfly）と呼ばれています。

16 口吻
口周辺の突起状の構造物。花蜜を吸う昆虫の口吻は、多くの場合、ストローとしての役割をもっています。

◉ヤッコウソウの花を訪れるサツマゴキブリ［写真提供］末次健司氏

ての役割をもつものが多く、1000種以上が送粉者として機能しているといわれています。コウモリにも送粉者として重要な役割を担っているものが比較的多く、熱帯地方を中心に60種ほどが送粉者として機能していると考えられています。その他、樹上性や地上徘徊《はいかい》性の哺乳《ほにゅう》類（ポッサムやサル、ネズミなど）、爬虫《はちゅう》類（トカゲ）、そして軟体動物（カタツムリやナメクジなど）までもが、送粉者

◉花蜜を吸うカメムシ

◉花粉を食べるハサミムシ

◉花を訪れるシリアゲムシ

として機能しているという事例が報告されています。このように、送粉者として機能している動物は、昆虫を中心にさまざまなものがいて、その姿形や性質はじつに多様です。

一方、これら送粉者たちが訪れる、動物媒植物種の「花」に視点を移してみると、その形質も非常に多様であることに気がつきます。例えば花の色は、赤、青、黄、白と、非常に多彩です。形に関しても、皿やお椀のような単純な形もあれば、筒状や壺状の形、もっと複雑で特徴的な形など、さまざまです。花の匂いも、甘い香りのするものや、腐った肉の匂い、キノコの匂いがするものまで千差万別。花の大きさや

◉多様性に富む花

ここに挙げた写真の花は、すべてカナディアンロッキーの山麓に生育する植物の花です。同じ地域内に生育する植物の花にさえ、これだけの多様性が存在しています。なぜ植物の花はこんなにも多様なのでしょうか。

咲く向きなど、植物種による花の形質の違いは、数え上げたらきりがありません。植物種によって、葉の形態や枝ぶりにもある程度の違いは見られますが、形質の多様さは、植物の部位のなかでは花が飛び抜けています。花を咲かせる目的（種子をつくる）はどの植物種であっても同じはずなのに、なぜこんなにも花の形質は多様なのでしょうか。

この答えを解く鍵のひとつは、送粉者の種類が多様であることにあります。送粉者は、その種類によって、姿形や性質が異なります。このため、異なる送粉者を利用する植物の花は、それぞれが利用する送粉者の性質に応じて、別々の形質に進化してきたのだと考えられるのです。事実、同じ種類の送粉者に送粉を依存している植物種は、たとえそれらが系統的には離れていても、花の色や形、匂いなど、一連の花形質に共通の特徴が見られる傾向があります。このような、花の形質と送粉者の種類との対応関係のことを「送粉シンドローム」といいます。

実際のところ、植物種と送粉者の関係は、一部の例外を除き、「互いにこの相手じゃないとダメ」というような限定的なものではなく、その時々の状況によって、縁が切れたり結ばれたりするような、比較的ゆるやかな関係です。また、1種類の植物種がさまざまな種類の送粉者を利用しているようなことも珍しくありません。このため、送粉シンドロームに当てはまらない事例も、野外では数多く観察されます。しかし、数多くの例外を認めつつも、全体として見れば、送粉シンドロームとして認識される「送粉者の種類と花形質の大まかな対応関係」はたしかに存在しています。このことは、多種多様な花の形質が進化してきた背景に、それらを訪れる多種多様な送粉者の存在があることを明確に示しています。

この章では、さまざまな種類の送粉者のことを、送粉シンドロームにも触れつつ紹介します。このことを通じて、多種多様な花が生み出された背景について考えてみたいと思います。

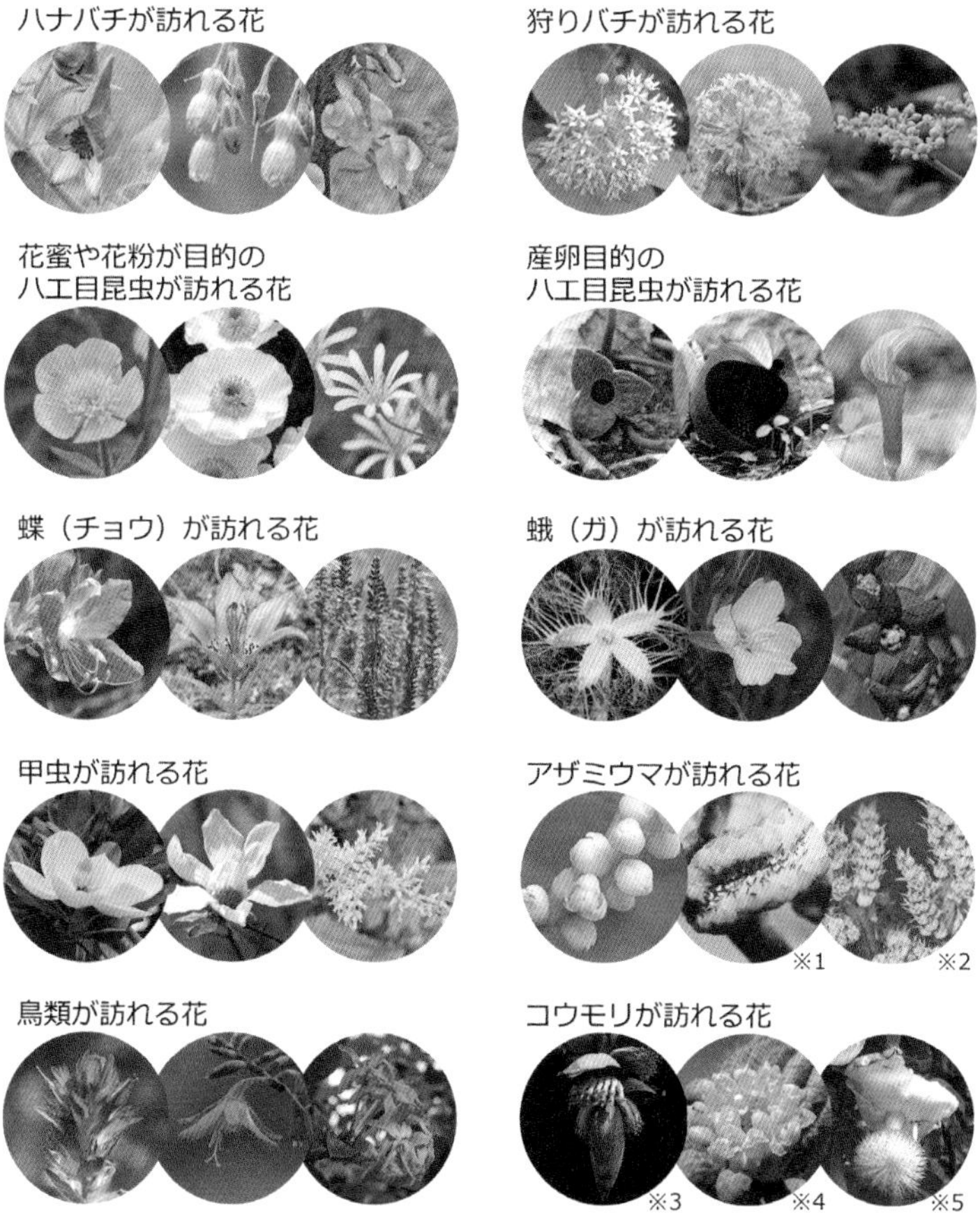

◉送粉シンドローム
　近い種類の送粉者に送粉を依存している植物種は、たとえそれらが系統的に離れていても、花の色や形、匂いなど、花の形質に共通の特徴が見られる傾向があります。これを送粉シンドロームといいます。ただし、送粉シンドロームは絶対的なものではなく、多くの例外を含みます。ここに挙げたのは、それぞれの送粉者グループが頻繁に利用する花の例ですが、それぞれの送粉者グループが、これらの花を排他的に利用していることを意味するものではありません（本文参照）。
［写真提供］※1、2 酒井章子氏、※3 Josch13氏（Pixabay.com）、※4 David Hembry氏、※5 Atamari氏［2007 CC BY-SA 3.0］
https://commons.wikimedia.org/wiki/File:Adansonia_digitata_0013.jpg

ハチ目（膜翅目）

ハチ目は、「膜翅目」という名前の由来となった4枚の膜状の翅をもつ昆虫のグループです。スズメバチやミツバチといった、いわゆる「ハチ」の仲間と、「アリ」[17]の仲間が含まれます。ハチ目は現在までに約13万種が**記載**[18]されていますが、未発見や未記載のものも含めれば、少なくとも30万種、もしかしたら200万種はいるかもしれないといわれており、**昆虫のなかでも1、2を争うような大きなグループ**[19]です。

花を訪れるハチ目は、ハナバチの仲間（ミツバチやマルハナバチなど）、狩りバチの仲間（スズメバチやアシナガバチなど）、**ハバチ**[20]の仲間、**寄生バチ**[21]の仲間など、いくつかのグループに分けることができます。これらのなかで送粉者として特に重要なのは、なんといってもハナバチの仲間です。生態学者はハナバチのことを、すべての送粉者グループのなかで最も重要なグループだと考えています。これはひとつには、ハナバチの種数と個体数が非常に多いためです。ハナバチの仲間は既知種だけでも、世界中で2万種以上が報告されていて、そのほとんどが送粉者として機能していると考えられています。そして、熱帯から冷温帯

17 アリの仲間
アリには翅がないじゃないか、という方もいるかもしれませんが、雄アリや巣をつくる前の女王アリは、ちゃんと4枚の膜状の翅をもっています。

18 記載
生物学における「記載」とは、ある生物種を分類学的に位置づけて、学術論文などを通じて、その生物種に学名を付与することをいいます。

19 ハチ目は昆虫のなかで1、2を争う大きなグループ
一般に昆虫は、地球上の生物のなかで最も種数が多い分類群だといわれています。そのなかでも、

ハナバチの仲間

狩りバチの仲間

ハバチの仲間

寄生バチの仲間

◉花を訪れるハチ目昆虫の例

にかけての多くの地域で、最も個体数が多く観察される送粉者なのです。

しかし、ハナバチが最も重要な送粉者とみなされるのは、その数が多いからだけではありません。**彼ら**[★22]は植物にとって都合のいい、送粉者として優秀な性質をたくさんもっているのです。

まず、ハナバチの仲間は、そのほとん

コウチュウ目の種数が抜きんでて多いといわれます。しかし、ハチ目やハエ目をはじめ、昆虫には未発見・未記載の種が多いため、コウチュウ目が最も種数が多いとは限らないと考えている研究者も少なくありません。実際のところは、各分類群に属する生物種数の見積もりは難しく、異論が多いのが事実なのです。なかには、センチュウ（線虫）の仲間のほうが昆虫よりも種数が多いのではないか、という主張もあります。というわけで、このあたりはよくわかっていないと、お茶を濁すしかありません。

どが訪花性（花を訪れる習性）をもっています。これは彼らが幼虫を養育するための食糧を、花粉と花蜜だけに依存しているからです。このためハナバチは、自分自身がお腹いっぱいになれば花を訪れる必要がなくなる他の多くの訪花性の動物種と異なり、**巣に花蜜や花粉を持ち帰る**[★23]ため、精力的に花と花の間を飛び回ります。花から花へ花粉を運んでもらいたい植物にとって、これは非常に都合がいい性質です。

花蜜を吸うための口吻が発達しているものが多いのもハナバチの特徴です。この発達した口吻のおかげで、ハナバチの仲間は、口吻が短いハエやアブには採餌できない、花蜜が花の奥に隠された花からでも花蜜を吸うことができます。口吻の長さはハナバチの種によって大きく異なっていて、花に対する好みの違い（選好性）を生み出しています。また、ハナバチの仲間は学習能力が高く、個々の個体が同じ種類の花を続けて訪れる性質（定花性）が強いともいわれています。このような選択的な訪花傾向は、同所的に開花している同種植物種間の送粉を促進します。これも植物にとって都合のいい性質です（選好性と定花性については、第4章で詳しく取り上げます）。

他にも、ハナバチの多くは体中が毛で覆われていて、花粉が体表に付着しや

20 ハバチ
腹部の付け根にくびれのない寸胴型の体型をしている、毒針をもたないハチ目の昆虫。ハチ目のなかで原始的な形質をもつグループだといわれています。

21 寄生バチ
卵を他の虫（宿主）の体表や体内に産みつけるハチ。幼虫は宿主の体液や組織を食べて育ち、成虫または蛹《さなぎ》になるときに、宿主の体内から出てきます。このとき宿主は死んでしまいます。このような生活スタイルのことを捕食寄生といいます。寄生バチの種類は非常に多く、ハチ目全体の種数のうち、かなりの割合が寄生バチによっ

すいという特徴をもっています。飛行能力が高く、遠くの花まで花粉を運搬することができるともいわれています。ハナバチの仲間が、いかに植物にとって**優秀な送粉者**[★24]であるか、おわかりいただけたでしょうか。

さて、ハナバチを含めたハチ目の昆虫は、その生活様式をもとに、しばしば「社会性」か「単独性」かに区別されます。社会性とは、集団で生活している動物に、分業的な役割分担が存在することをいいます。特に複数の世代が一緒に生活し、子孫を残す個体と、子孫を残さずに集団のために働く個体とに役割分担が発達している場合、これを「**真社会性**[★25]」といいます。

ハチ目が社会性か単独性かに区別されることが多いのは、ハチ目には社会性をもつ種が、他の分類群の動物に比べて多いためです。ただし、そうはいっても、社会性をもたない単独性のハチの種のほうが多数派であることは、付け加えておきたいと思います。ハナバチの仲間も、いくつかの種は社会性を有していますが、大多数の種は単独性です。社会性をもつハナバチとして代表的なのは、ミツバチの仲間（約9種）、マルハナバチの仲間（約450種）、ハリナシバチの仲間（約500種）で、これら3つのグループに属するハナバチは、そのほとんどが真社会性を有しています。

て占められています。

22 彼ら
この本では「彼ら」という言葉を、性別（オス／メス）の情報を含まない言葉として用いているので誤解なきようお願いします。ミツバチなど社会性ハナバチ（後述）の働きバチは遺伝的にはメスなので、花に来るハナバチ全体ではメスのほうが多いはずですが、あえて「彼女ら」という言葉は使いませんのでご注意を。

23 ハナバチは巣に花蜜や花粉を持ち帰る
ただしオスのハナバチは巣に食糧を運び込む習性をもたないので、その限りではありません。

ミツバチ

マルハナバチ

ハリナシバチ

●真社会性ハナバチを多く含む3グループ
※1［写真提供］奥山雄大氏

真社会性のハナバチは一般に、**大家族**★26が同居する巣をつくるため、同じ地域のなかでたくさんの個体が観察されます。また、ミツバチを筆頭に人間との関わりが深く、巣のなかの蜜（ハチミツ）や蝋《ろう》（蜜蝋《みつろう》）が利用されたり、農作物の受粉用昆虫として飼育されたりしてきました。このため、真社会性ハナバチの3つのグループ（ミツバチ、マルハナバチ、ハリナシバチの仲間）は、ハナバチのな

24 優秀な送粉者
ただし、自然には例外がつきものです。ハナバチが優秀な送粉者とならないこともあります（第5章参照）。

25 真社会性
昆虫の社会性には、他に

かでも、特に大きな注目を受けてきました。事実、これまでに行なわれてきた送粉生態学の研究のうち、かなりの割合が、これら3つのグループのいずれかを対象にしたもので占められています。

しかし、単独性ハナバチの送粉者としての重要度が社会性ハナバチに劣るのかといえば、そういうわけではありません。実際のところ、高山帯や**ツンドラ**[★27]のような**寒冷な地域を除けば**[★28]、社会性のハナバチだけでハナバチ集団の大多数を占めてしまうことは稀で、単独性ハナバチの個体数が、社会性ハナバチの個体数を上回る地域も多く存在しています。特に、花資源が安定的に供給されないような地域（乾燥地や市街地など）では、単独性のハナバチたちが主要な送粉者となっているようです。これは、社会性のハナバチは、その巣を維持するために、季節を通じて安定的な花資源の供給を必要とするからだと思われます。ですから、**「ハナバチ」という言葉**[★29]が出てきたときには、ミツバチなどの社会性ハナバチだけではなく、単独性ハナバチを含む、多種多様なハナバチ種が含まれているのだと思ってください。

さて、ハナバチに受粉を依存する植物（ハナバチ媒）の花は、以下のような特徴をもつことが多いといわれています。

も、亜社会性（親子が一緒に生活する）や、側社会性（血縁のない個体同士が集団をつくる）など、いくつかのバリエーションが存在します。

26 大家族
巣の規模は、ミツバチで1〜6万匹、ハリナシバチで数百〜数万匹、マルハナバチで数十〜数千匹になります。

27 ツンドラ
低温で植物の生長可能期間が短いため、背の高い樹木が生育できない地域のこと。

28 寒冷な地域を除けば
高山などの寒冷な地域では、ハナバチ群集の多く

・筒状や壺状の花、**距**★30（きょ）をもつ花など、立体的で複雑な構造の花が比較的多い。皿状や椀状など、放射相称で単純な構造の花も少なくない。
・**左右相称**★31**の花が比較的多いが、放射相称の花も少なくない。**
・青色系や桃色の花が比較的多いが、白や黄色の花も少なくない。
・下向きや横向きの花が比較的多い。
・**蜜標**★32をもつ花が比較的多い。
・甘い香りがするものが多い。
・日中に開花する。

ここに列挙された特徴を見ればわかるように、じつはハナバチ媒には「送粉シンドロームなんてないんじゃないか」と言いたくなるくらい、さまざまなタイプの花が含まれています。実際のところ、ハナバチ媒は、この後で紹介するハエ媒や鳥媒などの花に比べ、共通の特徴で括るのが困難なグループです。これは、ハナバチの採餌能力が高く、どのような形質の花からでも採餌する能力を持っているからでもありますが、ハナバチが多様性の高い大きなグループであるため、ハナバチのなかにも個体サイズや口吻の長さなどが異なる、いろい

が、真社会性ハナバチであるマルハナバチで占められる傾向があります。

29「ハナバチ」という言葉
ちなみに、英語ではハナバチのことをbee（ビー）といいます。日本人は、「bee＝ハチ」だと思っている人が多いのですが、じつのところ「bee＝ハナバチ」なのです。ハナバチ以外のハチのことはwasp（ワスプ）といいます。

30距
ランやスミレ、オダマキなどの花に見られる、花冠から花の後方に突き出した、管状の構造のこと。通常、その奥には蜜腺が

◉オダマキの距

ろな種が含まれているからでもあると思われます。

ハナバチに受粉を依存する植物の立場からすると、それぞれの種が異なる形質の花を咲かせたほうがいいという都合もあるのかもしれません。というのも、ハナバチは多くの地域で主要な送粉者であるため、ハナバチを利用する植物種は、必然的に同じ地域内に多く生育することになるからです。そうした植物種たちが互いに似たような形質の花を咲かせたら、ハナバチはそれら植物種の花を区別できな

あり、そこから花蜜が分泌されます。

31 左右相称の花と放射相称の花
対称軸が1つしかない花を左右相称花、対称軸が複数ある花を放射相称花といいます。

32 蜜標
花蜜のある場所を指し示す花弁の模様。ネクターガイドともいいます。

放射相称花　左右相称花

●放射相称花と左右相称花

●蜜標（ネクターガイド）

くなってしまいます。そして、ハナバチが異なる植物種の花を区別できずに飛び回れば、異なる植物種間で花粉がやりとりされるリスクが高まってしまいます。つまり、ハナバチ媒の植物種は、互いに異なる形質の花を咲かせることでハナバチの選好性や定花性を引き出し、異種間送粉のリスクを抑えているのかもしれないのです。こうしたことも、ハナバチに受粉を依存する植物種の花の形質が多様になった理由のひとつかもしれないと考える研究者もいます。

ハナバチのなかには、中南米の熱帯地方に分布の中心をもつミツバチ科の**シタバチ**[33]のように、植物と特殊な関係を築いているものもいます。シタバチは、名前の由来である非常に長い舌（口吻）をもっていて、花蜜が奥深くに隠された花からでも花蜜を吸うことができます。興味深いのは、花蜜の代わりに芳香物質を報酬としてシタバチのオスを誘引するラン科の植物が、600種以上も存在しているということです。シタバチのオスは、こうしたランの花から芳香物質を集め、メスを惹きつけたり**レック**[34]を形成したりするのに利用します。それぞれのシタバチ種のオスは、それぞれ特定の1種（または数種）のランだけを利用します。このことが、同種のランの間での送粉を確実にしているのです。

ハナバチ以外のハチ目の送粉者についても少し触れます。まず、スズメバチ

33 シタバチ
美しいメタリック光沢をもつものが多いため、昆虫収集家に人気があります。

34 レック
交尾のために形成されるオスの群れのこと。オスが群れることでメスを誘引します。ちなみに、蚊柱をつくっているユスリカはほとんどがオスで、これもレックです。

◉シタバチの仲間（写真は*Euglossa bazinga*）
［写真提供］Eframgoldberg氏［2012 CC BY-SA 3.0］
https://commons.wikimedia.org/wiki/File:Bazingabee.jpg

やアシナガバチなどの狩りバチや、ヒメバチなどの寄生バチは、主に花を訪れる他の虫を捕食するために花にやってきます。捕食者である彼らは、花にやってくる他の訪花者を減らしてしまうため、結果として受粉の邪魔になることがあるようです。しかし、花蜜を利用することもあり、その過程で受粉を担うこともあると考えられています。彼らは、ブドウ科やウコギ科、セリ科のような、花蜜が露出した、小さな花をたくさんつける植物を利用する傾向があります。こうした植物種のなかには、訪花者のかなりの割合が狩りバチによって占められているものもあります。おそらく、狩りバチを積極的に惹きつけるような仕組み（匂いなど）があるのだと思われます。

ハバチの仲間も、花蜜や花粉を採餌するために花を訪れることがあります。彼らも狩りバチと同様、花蜜が露出した花で見かけることが多いように思います。ただし、送粉のほとんどをハバチに依存している植物があるのかどうかを私は知りません。コバチの仲間であるイチジクコバチ科のハチは、イチジク科の植物と非常に緊密で特殊な関係を結んでいます。この特殊な関係に関しては、第3章で詳しく取り上げます。

最後に、そこにメスがいると思わせることで昆虫のオスを誘い寄せて送粉を達成している植物の話をして、ハチ目送粉者の紹介を終えます。こうした植物は、昆虫のメスが放出する性フェロモン（性誘引物質）に似た匂い成分を花から放出したり、花の一部を昆虫の姿に似せたりすることで、オスを騙しています。このような戦略のことを、性的擬態と呼びます。性的擬態を行なう花の多くはラン科に属していますが、その多くは狩りバチやハナバチなどのハチ目昆虫を利用しています（ハエ目やコウチュウ目の昆虫を利用する性的擬態花も少数ですが知られています）。性的擬態を含め、送粉者を騙して受粉を達成する植物の戦略については、第5章で詳しく触れます。

このように、一口にハチ目の送粉者といっても、それらの習性や植物種との関係はさまざまで、とても語り尽くせません。ですが長くなってきたので、このあたりでハチ目送粉者の紹介はいったん終わりにします。

ハエ目（双翅目）

ハエ目は、「双翅目」という別名のとおり、2枚の翅をもつ昆虫です。ハエやアブ、蚊やガガンボなどの仲間が含まれます。多くの昆虫は、前翅と後翅あわせて4枚の翅をもちますが、ハエ目には前翅しかありません。後翅に相当する器官は、平均棍《へいきんこん》と呼ばれる小さな棍棒状の構造に変化（進化）しています。これは飛翔時に自らの姿勢を検出するジャイロスコープのような役目をしていると考えられています。

ハエ目は、昆虫のなかではコウチュウ目、ハチ目、チョウ目に次いで種数が多く、地球上に約9万～15万種が存在していると見積もられています。ただし、ハエ目は種の同定が難しいグループのひとつで、種の目録（インベントリー）の作成があまり進んでいません。つまり、地球上に何種のハエ目昆虫が存在しているのか、正確に見積もるのは非常に困難です。このため、「本当はコウチュウ目を超える種数が存在しているのではないか」と考えている研究者もいます。

花を訪れるハエ目昆虫は種類も個体数も非常に多く、このためハエ目は、ハチ目に次いで重要な送粉者のグループだといわれています。事実、ハエ目は多くの地域でハチ目に次いで多く観察される送粉者です。それどころか、寒冷な地域（高山帯やツンドラなど）では、ハチ目をしのぎ最も多く見られます。湿原のような湿性環境も、送粉者群集に占めるハエ目の割合が多い場所だといわれます。これは、ハエ目昆虫に幼虫時代を水中や泥中で過ごすものが比較的多いことが関係しているのだと思われます。

ハエ目送粉者の多くは、ハナバチを含む他の多くの送粉者たちと同様、花蜜や花粉を採餌するために花にやってきます。しかし、それ以外の目的で花にやってくるハエ目送粉者も多く知られていて、それらは植物と特徴的な関係を結んでいます。そこでここでは、ハエ目の送粉者を、花蜜や花粉を採餌するために花にやってくるものと、他の目的で花にやってくるものに分けて紹介したいと思います。

ハナアブの仲間

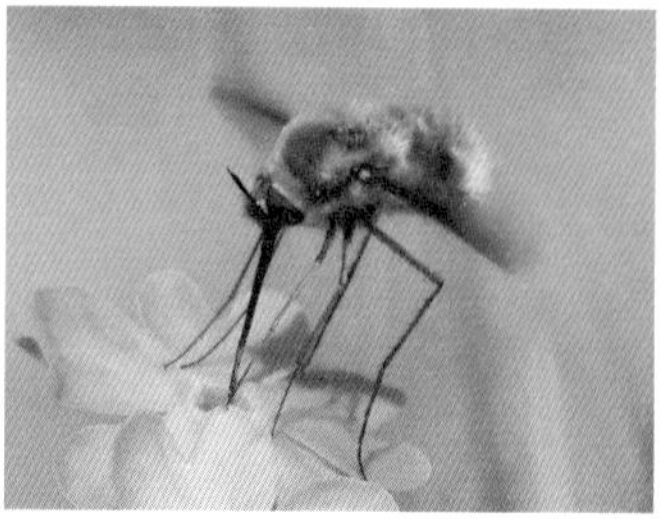

ツリアブの仲間

イエバエの仲間

クロバエの仲間

オドリバエの仲間

キノコバエの仲間

◉花を訪れるハエ目昆虫の例　※1［写真提供］奥山雄大氏

花蜜や花粉を採餌するために花にやってくるハエ目送粉者

まず、蜜や花粉を採餌するために花にやってくるハエ目の送粉者から紹介します。彼らのなかで代表的なのは、ハナアブというグループです。ハナアブは、顔をよく見るとたしかにハエの顔つきをしていますが、ハチに擬態した模様が美しく、採餌の様子や空中でホバリング（静止飛行）する仕草がコミカルな、**とても愛らしいハエ**[35]です。ハナアブはハエ目のなかで訪花に特化したグループで、そのほとんどが花を訪れる習性をもっています。花にやってくる他のハエ目昆虫が、エネルギー源としての花蜜だけを採餌することが多いのに対し、ハナアブのメスは卵をつくるため、タンパク質を多く含む花粉も採餌します。一方、ハナアブのオスは、花蜜を採餌するためと、メスとの出会いを求めて花にやってくるようです。

ハエ目のなかでは、ツリアブやツリアブモドキ、コガシラアブの仲間も、訪花に特化した種を多く含んでいます。一般に、ハエ目訪花者の多くは、短いスポンジ状の口器をもっていて、それで花蜜を舐めとるのですが、ツリアブ科、ツリアブモドキ科、コガシラアブ科、そしてアブ科やハナアブ科の一部の種は、

35 とても愛らしいハエ
ハナアブは名前に「アブ」がついていますが、じつは、ハエ目のなかの分類学的な位置づけは、アブ（アブ下目）ではなくハエ（ハエ下目）です。

下唇がストロー状に細長く[36]伸びていて、花蜜が奥深く隠された花からでも吸蜜することができます。

多くの人が思い浮かべる一般的なハエたち[37]も、花に来て花蜜を採餌しているのをよく見かけます。じつのところ、ハチ目送粉者やハナアブなどに比べ、こうした一般的なハエたちが、どれだけ送粉者として寄与しているのかについての知見はそれほど多くありません。しかし、神戸大学の日下石碧さんと丑丸敦史さん、そして私の研究室の大学院修了生の居村尚さんが、北アルプス立山の高山帯で調べたところ、ハナアブ以外の一般的なハエ目昆虫にも、非常に多くの花粉が付着していることがわかりました。したがって、彼らも送粉者として有効に機能しているのだと思われます。

オドリバエのように、普段は他の虫を捕食する肉食性のハエも、花蜜を吸うために訪花しているのをよく見かけます。オドリバエの仲間は、虫の体液を吸うための、刺すタイプの口吻をもっていますが、花にやってきたオドリバエは、これを花に差し込んで花蜜を吸います。オドリバエの口吻は、ツリアブやコガシラアブに比べると短いものの、他の多くのハエ目訪花者たちに比べれば長いので、花蜜が少し奥に隠れているような花からでも採餌することができます。オ

36 細長くストロー状の下唇　南アフリカには、体長が2センチメートルにも満たないにもかかわらず、約4センチメートルもの長さの口吻（下唇）をもつツリアブモドキがいます。

37 多くの人が思い浮かべる一般的なハエたち　イエバエ、ハナバエ、クロバエ、ニクバエなど。

ドリバエが主要な訪花者と考えられる植物も、いくつか報告されています。

近年は、**キノコバエ**[38]の仲間も送粉者として注目を集めています。例えば、国立科学博物館の奥山雄大さんたちによると、日本に13種が生育している**チャルメルソウの仲間**[39]は、そのすべてがキノコバエの仲間に送粉を依存しているとのことです。興味深いことに、チャルメルソウの種類によって花の匂いが異なり、その匂いのタイプに応じて、やってくるキノコバエの種類が異なるのだそうです。他にも、アオキやヒサカキなど、林床で目立たない

●約4cmの長さの口吻をもつツリアブモドキ
Prosoeca marinusi
［写真提供］Steven Johnson氏
（University of KwaZulu-Natal）

38 キノコバエ キノコに卵を産みつけるものが多いのでつけられた名前ですが、キノコを利用しないキノコバエも少なくありません。ちなみに、ニュージーランドやオーストラリアの洞窟内に生息し、幼虫が青白い光を放つことで有名な土ボタル（グローワーム）も、キノコバエの仲間ですがキノコ食ではありません。彼らは他の虫をその光で誘い寄せて捕食します。

39 チャルメルソウの仲間 個性的な形の花をもつ、ユキノシタ科チャルメルソウ属の植物。

◉チャルメルソウの仲間
（写真はマルバチャルメルソウ）

花を咲かせる植物種の花には、しばしばキノコバエが訪花して吸蜜しているのを見かけます。花粉まみれになっているところを見ると、彼らは林床の低木種にとっての、重要な送粉者になっているのかもしれません。

一般に、花蜜や花粉を採餌するために花にやってくるハエ目の送粉者が利用する植物（ハナアブ・ハエ媒）の花は、以下の特徴をもつことが多いといわれています。

・形状は放射相称で単純（皿状か椀状）。
・葯《やく》や柱頭、蜜腺が露出している。

・花の色は、黄か白。薄い緑色のこともある。
・日中に開花する。
・香りは比較的弱めのものが多い。

花蜜や花粉を採餌するハエ目の訪花者の多くは、ツリアブなど一部のグループを除くと、数ミリメートル程度の短い口吻しかもっていません。ハナアブ・ハエ媒の花に、形が単純で、蜜腺が露出しているものが多いのは、短い口吻では、花蜜が奥深くに隠された花からでは吸蜜できないからと思われます。また、一般にハエ目の送粉者は、ハチ目やチョウ目に比べ、**色を識別する能力が低い**[★40]と考えられています。ハナアブ・ハエ媒の花に明度の高い色である白や黄が多いのは、そのためなのかもしれません。

ただしこれらの特徴は、ハエ目昆虫が好む、すべての花に共通しているわけではありません。例えば、東京大学の望月昴さんと川北篤さんは、アオキやクロクモソウ、タケシマランのように、キノコバエの仲間がよく訪れる花は、小さくて、花弁の色が黒・赤褐色もしくは緑色、という共通の特徴をもつ傾向があると指摘しています。キノコバエを送粉者として利用している花は、主に匂

40 色を識別する能力が低い
と書きましたが、じつはハエ目昆虫の色覚に関しては、ほんの一部の種でしか調べられていないので、本当のところはよくわかっていません。ハナアブを用いた研究では、少なくともある程度は色の違いを頼りに訪花していることが示唆されています。また、ツリアブやツリアブモドキのように細長い口吻をもつハエ目の送粉者は、他のハエ目訪花者に比べ、さまざまな色の花を利用する傾向があります。もしかしたら、こうしたハエ目昆虫は、ハチ目のような優れた色覚をもっているのかもしれません。

いでキノコバエを誘引しているため、目立つ花弁をもつ必要がないということのようです。

ツリアブやコガシラアブのように細長い口吻をもつハエ目送粉者も、ハナアブ・ハエ媒に当てはまらない形質の花を好む傾向があります。彼らは花筒が長く、★41 **花蜜が奥深くに隠されている花を好んで**訪れる傾向があります。そして興味深いことに、白や黄だけでなく、青やオレンジ、ピンクなど、さまざまな色の花を多く訪れます。どうもツリアブたちの花の好みは、他のハエ目送粉者よりも、ハナバチに似ているように思われます。ツリアブたちの訪れる花が、ツリアブたちに対する適応として進化してきたのか、それとも、もともとはハナバチ媒として進化してきた花をツリアブたちが利用するようになったのか（またはその両方なのか）、いつか解き明かしたいと思っています。

花蜜や花粉以外の目的で花にやってくるハエ目送粉者

ハエ目の送粉者には、花蜜や花粉を採餌する以外の目的で花を訪れるものも多く知られています。例えば、いくつかの植物種は、花から腐肉や糞の匂いを

41 花蜜が奥深くに隠されている花を好む
ただし、ツリアブたちの口吻はハナバチやチョウなどと違い、針のようにまっすぐなので、花筒が曲がった花からの吸蜜は苦手なようです。

42 ラフレシア
ラフレシアの仲間は、東南アジアに十数種ほどが知られていますが、どれも大きな花をもっています。なかでもラフレシア・アーノルディ（*Rafflesia arnoldii*）の花は、1個の花としては世界最大（直径約90センチメートル）です。ラフレシアの仲間は、ブドウ科植物の根に寄生してそこから養分を吸います。葉をも

漂わせ、その匂いに惹きつけられたハエ目昆虫を送粉者として利用しています。巨大な花を咲かせる**ラフレシア**[★42]が、その例として有名です。ラフレシアの場合、動物の肉が腐った匂いとか、糞尿が発酵したような匂いとかいわれる腐敗臭を漂わせ、その匂いに惹かれてやってくるクロバエの仲間を利用しています。腐敗臭でハエ目昆虫を誘引する植物としては、他に**ザゼンソウ**[★43]やマンゴーが有名です。こうした植物の花にやってくるハエ目昆虫は、腐敗物や糞に産卵するために花にやってきます。ただし、実際に花に腐敗物や糞があるわけではありません。つまり、花に騙されて送粉をさせられているのです。

腐敗臭ではありませんが、**マムシグサ**[★44]の花序（花の集合）にやってくるハエ目昆虫も、匂いに騙されて花を訪れる送粉者です。マムシグサの出す匂いは、主にキノコバエの仲間を誘引するので、**キノコの匂い**[★45]なのかもしれません。マムシグサを含むサトイモ科の植物では、**仏炎苞**[★46]（ぶつえんほう）という、葉の変形したものが花序を取り囲んでいます。キノコバエを始めとしたハエ目送粉者は、この仏炎苞の上部から、誘い込まれるようになかに入っていき、花粉まみれになって、下部にある隙間から外に逃げ出していきます。

マムシグサの仲間には、**株ごとにオスとメスが別れている**[★47]種が存在していま

たず、花だけが地面から出ている奇妙な姿をしています。

43 ザゼンソウ
サトイモ科ザゼンソウ属の多年草。その臭さのため、英語圏ではスカンクキャベジ（Skunk cabbage）と呼ばれています。

44 マムシグサ
サトイモ科テンナンショウ属の多年草。

45 キノコの匂い?
キノコバエの産卵基質（卵を産む物質）はキノコ以外にも、朽木や他の動物など、種によってさまざまです。したがって、マムシグサが、本当はなんの

◉ラフレシア（写真は*Rafflesia keithii*）［写真提供］奥山雄大氏

◉ザゼンソウ

◉マムシグサの仲間（写真はコウライテンナンショウ）

す。このようなマムシグサの場合、雌株（雌花が咲く）の仏炎苞には、送粉者であるハエが逃げ出せる隙間がありません。このため、雌株の仏炎苞の内部に入ったハエは、逃げ出せずにそのまま死んでしまいます。雌株のマムシグサにとっては、仏炎苞に入り込んだハエの体表についていた花粉を、確実に受粉に利用するためには、ハエを外に逃がさないのが合理的ということなのでしょう。

匂いでキノコバエを誘引しているのかは、詳しく調べてみないとわかりません。

46 仏炎苞
この名称は、仏像の背にある炎をかたどった光背に由来しています。

47 株ごとにオスとメスが別れている
こういう植物のことを雌雄異株といいます。ただしマムシグサの場合は、先天的（遺伝的）に雌雄が決まっているわけでなく、前年に蓄えた資源の量が多ければ次の年にメスになり、蓄えた資源の量が中くらいであればオスになります。そして、蓄えた資源の量が少ないと花をもたない無性個体

カンアオイ[48]の仲間のいくつかで確認されている、花とその匂いに騙されて訪花するキノコバエの関係も、マムシグサとその送粉者との関係に似ています。首都大学東京の菅原敬さんによれば、タマノカンアオイの花にやってきたキノコバエのメスは、そのまま花の内側に卵を産んでしまうことすらあるようです。タマノカンアオイの花は、キノコバエの本当の産卵基質（卵を産みつけるもの）ではないため、卵から孵《かえ》ったキノコバエの幼虫は、そのままそこで**死んでしまいます**[49]。

産卵のために花にやってくるハエ目昆虫のなかには、騙されているわけではなく、本当に植物に産卵する目的でやってくるものもいます。こうしたハエ目昆虫の幼虫は、花や子房、果実を食べて育つため、多くの植物にとっては有害な食害者です。しかし、なかにはそういう食害者を利用して受粉を達成している植物も知られています。例えば、サトイモ科のタロイモやクワズイモの仲間には、ある種のショウジョウバエが花序に卵を産みつけます。卵から孵った幼虫は、花序の一部や花序からの浸出液《しんしゅつえき》を食べて育つのですが、成虫はこれらの植物種の重要な送粉者となっているようです（この関係については第3章でまた取り上げます）。

になります。つまり、マムシグサの仲間で、個体ごとに雌雄の区別があるような種は、「無性個体⇔オス個体⇔メス個体」というように、その時々の資源量に応じて性転換しているのです。

48 カンアオイ
ウマノスズクサ科カンアオイ属の植物。

49 死んでしまいます
似たような例は、地中海のコルシカ島やサルデーニャ島に生育するサトイモ科の植物、ヘリコディセラス・ムシヴォラス（*Helicodiceros muscivorus*）や、南アフリカに生育するスタペリア・ヒルスタ（*Stapelia hirsta*）などでもヒマラヤの高山地帯に生育する**温室植物**★50として有名な、セイタカダイオウという植物も、クロバネキノコバエという種子食者に送粉を依存しています。種子を食害されてしまうのなら、受粉してもらう意味がないようにも思えますが、食べられる種子は生産される種子の一部に留まるので、それでうまくやっていけるようです。

一般に、ハエ目昆虫を匂いで誘引して受粉を達成している植物の花（好腐バエ媒花と呼ばれることがあります）は、以下の特徴をもつことが多いといわれています。

・形状は単純、または罠の仕組みをもつ。

・強い腐臭、糞臭、またはキノコ臭。

◉カンアオイ

報告されています。これらの花は、生肉のような花弁の模様と腐肉臭でハエ類を誘引します。ハエはこれらの花に卵を産むことがありますが、卵から孵った幼虫は、餌がないので花のなかで死んでしまいます。

50 温室植物
寒い地方に生育する植物には、葉などが薄くなったものが花の周囲を覆って、温室のようになっているものがあります。これを温室植物といいます。

・花の色は、赤褐色、紫褐色、または緑。

ハエ目昆虫による送粉様式が、ハチ目昆虫のそれに劣らず多様であることがわかってもらえたでしょうか。

◉セイタカダイオウ
[写真提供] Bill Baker氏
(Royal Botanic Gardens, Kew)
[2006 CC BY-SA 3.0]
https://commons.wikimedia.org/wiki/File:Rheum_nobile_(photo_Bill_Baker).jpg

チョウ目（鱗翅目）

チョウ目は、いわゆるチョウ（蝶）とガ（蛾）を含む昆虫のグループです。「鱗翅目」という別名のとおり、鱗粉《りんぷん》と呼ばれる、うろこ状の粉が、翅を覆っています。蝶や蛾の翅には、さまざまな模様が描かれていますが、これは鱗粉によって描かれた点描画なのです。

しばしば、蝶と蛾は何が違うのか、ということが話題になりますが、実際のところ、分類学的には蝶と蛾をきれいに二分することはできません。**チョウ目のいくつかの科**★51が目立つ特徴を共有する傾向があるので、それらの科を便宜的に「蝶」と呼び、それ以外のチョウ目昆虫をすべて「蛾」と呼んでいるだけだからです。

あえて蝶と蛾の違いを挙げるなら、蝶は触覚の先が棍棒《こんぼう》状で、蛾は触覚の先が櫛《くし》状か尖っているものが多い傾向があります。また、蝶は昼行性で色鮮やかな翅をもつものが多いのに対し、蛾は夜行性で地味なものが多い傾向もあります。

しかし、これらの違いはどれも例外を含んでいるため、どれかの特徴だけで、それが蝶なのか蛾なのかを区別することはできません。つまり、野外で蝶と蛾

51 チョウ目のいくつかの科
一般的には、タテハチョウ科、シジミタテハ科、シジミチョウ科、シロチョウ科、アゲハチョウ科、セセリチョウ科、シャクガモドキ科の7科が「蝶」、それ以外のチョウ目昆虫が「蛾」とみなされます。しかし、この7科のうち、シャクガモドキ科（中南米のみに分布）は、見た目は蛾のように見えます。にもかかわらず、シャクガモドキ科が蝶とされてきたのは、この科がセセリチョウ科よりも、他のチョウ5科により近縁だと考えられていたためです。しかし最近の研究では、セセリチョウ科のほうが残りの5科により近縁で、シャク

を区別しようと思ったら、いくつかの特徴から総合的に判断するしかないということになります。蝶と蛾の違いについては、あまりこだわってもしかたがありません。

とはいえ、チョウ目昆虫が訪れる花は、それが昼行性のチョウ目（主に蝶）に訪花されるのか、夜行性か**薄明薄暮性**★52のチョウ目（主に蛾）に訪花されるのかで、その特徴に違いが見られるのも事実です（ただし絶対ではありません）。蝶と蛾の違いにこだわってもしかたがない、と書いたばかりで少し気が引けるのですが、以下では花を訪れるチョウ目昆虫を、蝶と蛾に分けて紹介します。

送粉者としての蝶

「花には蝶が寄る、糞《くそ》には銀蝿《ぎんばえ》がたかる」という格言をご存じでしょうか。腐った心を持つ人には蝿《はえ》のような連中しか寄ってこないが、美しい心の人には素晴らしい人たちが集まってくる、という意味だそうです。このように、古来人々は、**花といえば蝶、蝶といえば花**★53を連想してきたように思います。実際には**糞に群がる蝶**★54もたくさんいますし、花に来るハエの仲間も多い（むしろ蝶よりも多い）ので、送粉生態学者としてはいろいろと突っ込みたくなるのですが、それはさ

ガモドキ科は、より遠縁と考えられるようになりました。したがって、シャクガモドキ科を蝶とする理由はなくなってしまったような気がします。というわけで、私のなかではシャクガモドキ科は蛾です。蛾にしか見えません。いずれにしても、どれを蝶と呼び、どれを蛾と呼ぶのかは、学術的にはあまり本質的な話ではないのです。

52 薄明薄暮性
夕方や明け方の、真っ暗ではないけれど薄暗い時間帯に行動する性質のこと。

53 花といえば蝶、蝶といえば花
「花は無心にして蝶を招

ておき、花を訪れる動物のなかで、蝶が代表的なグループのひとつであるのは間違いありません。では、蝶は植物にとって、花粉を媒介する「送粉者」として有用なのでしょうか。じつは蝶は、ハチなどの訪花者に比べると、あまり有効な送粉者ではないとみなされることがあります。どうしてでしょうか。

チョウ目昆虫の成虫は、一部のグループを除き、噛む構造の口器をもっておらず、ストロー状の細長い口吻をもっています。このため、多くのチョウ目昆虫の成虫は、液体しか採餌できません。つまり、固形物である花粉を採餌することはできません。したがって、**花を訪れる蝶はもっぱら花蜜を採餌する**[★55]ためにやってきます。蝶が花蜜を吸うときは、普段はゼンマイのようにたたまれているストローを伸ばし、蜜源に挿入します。しかし、このような動きだけでは、蝶の体が葯（雄しべの先にある花粉が入った袋）や柱頭（雌しべの先）に触れる機会が少なくなり、送粉に結びつかないことがあります。これが、蝶が有効な送粉者ではないとみなされることがある理由です。

とはいえ、花を訪れる蝶の仲間が、送粉に寄与しない蜜泥棒であるとすることに異議を唱える研究者も少なくありません。例えば、岐阜大学（研究当時）の坂本亮太さんたちは、クサギ（シソ科の低木性樹種）では、アゲハチョウの訪花

く蝶は無心にして花を尋ねる（花無心招蝶 蝶無心尋花）」なんていうのもありますね。

54 糞に群がる蝶
蝶の成虫は、しばしば動物の汗や尿、新鮮な糞に口吻を伸ばして吸水します。これは、塩分やアンモニアを摂取しているのではないかと考えられています。じつは、汗や糞尿に集まる蝶は、その多くがオスです。これは、メスを探して活発に飛び回るオスは、筋肉の運動に必要なナトリウムイオン（塩分）や、筋肉や精子の生産に必要な窒素（アンモニアに含まれている）を、メスよりも多く必要としているからだと考え

アゲハチョウの仲間

タテハチョウの仲間

シロチョウの仲間

シジミチョウの仲間

セセリチョウの仲間

◉花を訪れる蝶の例　※1［写真提供］辻本翔平氏

られています。

55 花を訪れる蝶はもっぱら花蜜を採餌する

ただし、ドクチョウ（南北アメリカに分布：タテハチョウ科）の仲間は、口吻から出す唾液で花粉に含まれている栄養分を溶かし、花蜜と合わせて摂取することが知られています。

を排除すると、種子生産が大幅に低下することを報告しています。これは、クサギにとっては、アゲハチョウが有効な送粉者であることを示しています。

そもそも、蝶が多く訪れる植物の花には、しばしば、「チョウ媒」として括ることができる共通の特徴が見られます。これらの特徴は、蜜泥棒としての蝶を排除するための形質というよりは、蝶を送粉者として積極的に利用するための形質に見えます。もしも蝶が蜜泥棒であれば、そのような形質の花が進化してきたはずがありません。したがって、そうした形質の花を咲かせる植物種にとっては、蝶は有効な送粉者として機能しているのだと考えるのが妥当です。蝶に受粉を依存する植物（チョウ媒）の花には、以下の特徴が多く見られます。

・花の色はさまざま。ただし他の昆虫媒の花と比べると、橙や赤色系の花が多い。
・花の形状は、ラッパや漏斗状《ろうと》のものが多く見られる。
・葯や柱頭が外に向かって飛び出しているものが多い。
・花粉に粘着性があり、少し触れただけでたくさん付着する。
・甘い香りをもつ。

・花蜜の濃度はやや薄い。

チョウ媒とされる花には、オニユリ（ユリ科）や**ヒガンバナ**★56（ヒガンバナ科）のように、赤系（またはオレンジ）のものが比較的多く知られています。赤系の色は、特にアゲハチョウの仲間が訪れる花に多いといわれることもありますが、セセリチョウやシロチョウの仲間も、赤系の花を訪れているのをよく見かけます。後述するように、赤系の色は、鳥媒の植物の花にもよく見られます。しかし赤系の色は、昆虫に受粉を依存する植物の花のなかでは比較的まれな色です。

ヒトはおよそ380〜720ナノメートルの波長の光を主に受容しており、620〜720ナノメートルの波長の光を他の波長の光よりも多く反射する物体を「赤」と認識します。しかし620ナノメートルよりも長い波長の光を、ハチ目やハエ目を含む多くの昆虫類は、ほとんど受容できません。このことは、★57**ヒトが鮮やかな赤として認識している物体が、ハチ目やハエ目には、明度の低い暗い色の物体として認識されている**ことを意味しています。赤系の花が昆虫媒の花に少ないのはこのためだと考えられています。

しかし、鳥の仲間や、チョウの仲間のうち少なくともアゲハチョウやシロ

56 ヒガンバナ
ヒガンバナの花にはアゲハチョウがよく訪れます。しかし日本に生育するヒガンバナは種子をつくることはありません。これは、日本のヒガンバナが3倍体（通常は2組もっているはずの染色体を3組もつ生物個体）だからです。一般に、3倍体の生物は精細胞や卵細胞を正常につくることができません。このため種子を生産できないのです。
花の目的が種子生産にあることを考えれば、ヒガンバナの花をチョウ媒の例として挙げるのは適当ではないかもしれません。しかし、ヒガンバナの原産地である中国には、2倍体と3倍体のヒ

チョウの仲間は、ヒトや他の昆虫たちよりも受容できる光の波長域が広く、およそ300〜700ナノメートルの波長域の光を受容しているといわれています。行動実験からも、彼らが、ヒトが赤として認識している色を明確に識別していることが示されています。こうしたことから、花の「赤」は、鳥や蝶の送粉者をターゲットとした戦略として進化してきた色なのだと推察されています。

　チョウ媒の花に、形状がラッパ状か漏斗状で、葯や柱頭が外に向かって大きく飛び出しているものが多いのも、蝶を送粉者としてターゲットにした戦略として理解できます。蝶のもつストロー状の口吻は、一般にハチ目やハエ目に比べてずっと長いので、ラッパ状や漏斗状の花の奥で花蜜を分泌し、葯や柱頭を外に向かって突き出すことで、蝶の体に葯や柱頭が触れやすくなると考えられるからです。花粉に粘着性があるのも、蝶の体に葯や柱頭が少ししか触れなくても花粉の受け渡しが行なわれるための適応と考えられます。花蜜の濃度がやや薄いのは、蝶の口吻では、濃度が高く粘度の高い花蜜は吸いにくいためです。

　このように、チョウ媒とされる花には、チョウをうまく利用しようとする形質が見られます。先にも書いたように、蝶を送粉者として利用していなければ、こうした形質が進化してきたはずがありません。しかし逆に言えば、このよう

ガンバナの両方が生育していて、2倍体のヒガンバナは種子をつくります。

　さて、3倍体のヒガンバナでは、花は種子をつくる機能を失った無用の長物だということもできます。しかし、日本に生育する3倍体のヒガンバナが、きれいな花のおかげで人の手によって（球根で）増えているのであれば、その花は今でも繁殖（子孫を残すこと）の役に立っているといえるのかもしれません。

57 ヒトにとって赤として認識されている物体は、ハチやハエには暗い色の物体として認知される
厳密には、その物体が、300〜380ナノメー

な形質が進化していない花にとっては、蝶は送粉への寄与が小さい蜜泥棒ということなのかもしれません。

送粉者としての蛾

蝶以外のチョウ目昆虫、つまり「蛾」にも、訪花性のものが多く知られています。スズメガ科、ツトガ科、ヤガ科、シャクガ科、ヒゲナガガ科などを中心に、多くの科にまたがる蛾が訪花性をもちます。なかでも特徴的なのはスズメガの仲間です。普通、蝶や蛾は、ひらひらと上下に振れながら飛行しますが、スズメガの仲間は、三角形の翅を高速で羽ばたかせながら、高速で直線的に飛行することができます。そして、花に着地することなく、花の正面でホバリングしながら、長い口吻を蜜源に挿入して花蜜を吸います。

花蜜を採餌する蛾（特にスズメガの仲間）は、蝶と同様の理由で、有効な送粉者ではないとみなされることがあります。実際、スズメガの仲間がホバリングしながら花から吸蜜するときには、まったくといっていいほど、体が雄しべや雌しべに触れないことがあります。そうしたときの彼らは、たしかに「蜜泥棒」

トルの紫外線（ヒトが感知できないけれどハチやハエは感知できる波長域の光）を反射していなければ、という条件つきです。

といっていい気がします。先ほど紹介した坂本さんの研究からも、クサギの最も多い訪花者であったホシホウジャク（昼行性のスズメガの仲間）が、じつはクサギの送粉にほとんど寄与していなかった、という結果が得られています。

しかし、蛾が多く訪れる植物の花にも、「ガ媒」として括ることができる共通の特徴が見られる傾向があります。そしてそれらの特徴も、やはり、蜜泥棒としての蛾を排除するための形質というよりは、蛾を送粉者として積極的に利用するための形質に思われます。具体的には、夜行性か薄明薄暮性の蛾に受粉を依存する植物（ガ媒）の花は、以下の特徴をもつことが多いといわれています。

・夜か薄明の時間帯に咲く。
・花の色は白か緑、薄色系、または褐色。
・花筒か距が発達して細長く、花蜜が奥深くに隠れている。
・葯や柱頭が外に向かって飛び出しているものも多い。
・強くて甘い香りをもつ。
・花蜜の濃度は薄い。

◉花を訪れる蛾の例

白や薄めの色は、薄暗いわずかな光のなかでも比較的見つけやすい色です。また、強く甘い香りをもつ花が多いのは、暗いなかでは、視覚よりも嗅覚に頼った送粉が有効だからでしょう。このように、ガ媒とされる植物の花は、チョウ媒の花と形態では共通するところがある一方で、薄暗いなかでの送粉に適応した形質（薄色の花弁や強い香り）を有しています。

訪花性の蛾のなかには、花蜜を採餌するためではなく、子房に産卵するために花にやってくるものも知られています。こうした蛾は、植物にとっては種子や子房を食害する、いわば天敵です。しかしこれらのなかには、送粉者として植物の繁殖に寄与していると思われるケースも報告されています。特にハナホソガ属とユッカガ属の蛾には、ハチ目のところで紹介したイチジクコバチと同様、特定の植物種と緊密な関係を築いているものが知られています。これについては第3章で詳しく取り上げます。

コウチュウ目（鞘翅目）

コウチュウ目は、鞘翅（しょうし／さやばね）と呼ばれる硬い前翅をもつ、昆虫の大きなグループです。既知種だけでも約40万種が記載されていて、しばしば**動物界最大の目**★58といわれます。

コウチュウ目の昆虫（以下、甲虫）にも訪花性のものがたくさん知られています。訪花性の種を多く含む甲虫の科としてまず挙がるのは、ハナカミキリの

58 動物界最大の目
これに関しては、「少なくとも既知種に関しては」というただし書きが必要かもしれません。ハチ目やハエ目のところで書いたように、地球上の生物種は未記載のもののほうが圧倒的に多いので、実際にどの分類群の種数が最も多いのか、現時点で結論を出すのは難しいのです。

カミキリムシの仲間

コガネムシの仲間

コメツキの仲間

ジョウカイボンの仲間

ゾウムシの仲間

ハネカクシの仲間

●花を訪れるコウチュウ目昆虫の例　※1［写真提供］新庄康平氏

59 ジョウカイボン科
カミキリムシにちょっと似ている甲虫のグループ。鞘翅がやや柔らかい。

仲間を含むカミキリ科と、ハナムグリの仲間を含むコガネムシ科です。他には、**ジョウカイボン科**★59、**コメツキ科**★60、ハムシ科、ゾウムシ科、ハンミョウ科などの種も、花に来るのをよく見かけます。また、**ハネカクシ科、ハナノミ科、ケシキスイ科などの微小な甲虫**★61が、（ときには大量に）花にへばりついているのを見かけることもあります。

これらの甲虫が花に来る目的はさまざまですが、最も一般的なのは、メスの場合は花粉の採餌のため、オスの場合は交配相手となるメスとの出会いのためだといわれています。花粉はタンパク質を含んだ質の高い餌資源なので、メスにとっては卵を生むための良質な餌資源となります。そして、メスがやってくる花は、オスにとって婚活の場になるのです。他には、花そのものを食べにやってくるもの、子房に産卵するためにやってくるもの、花に来る他の虫を食べるためにやってくるもの、花の出す匂い（甲虫の餌となる果実の匂いなど）に騙されてくるものなど、**種によって花に来る目的はさまざまです**★62。なお、甲虫の訪花者も花蜜を利用しないわけではありませんが、甲虫の訪花者にとって花蜜の利用は、どちらかといえば副次的なものであることが多いようです。

では、こうした甲虫たちは有効な送粉者といえるのでしょうか。甲虫の訪花

60 コメツキ科
彼らの多くは、天敵に見つかると偽死行動（死んだふり）をします。この状態で仰向けにすると、しばらくしてパチンという音を立てて跳ねるので、コメツキを見つけるとついつい遊んでしまいます。

61 ハネカクシやハナノミ、ケシキスイなどの微小な甲虫
多くが2、3ミリメートル以下の、小さな甲虫。

62 種によって花に来る目的はさまざま
複数の目的で花に来る甲虫もいます（花粉を食べて、子房に産卵するなど）。

者には、ハチやハエなどと比べ、ひとつの花に長く滞在しつづけるものが多く見られます。こうしたものは、花粉をあまり媒介していない可能性があります。また、花粉を食べてしまう甲虫は、送粉者というよりは、花粉食害者というべき存在なのかもしれません。花そのものを食べてしまう甲虫や、子房に産卵する甲虫も、花食害者や子房食害者といえるでしょう。このように、訪花性の甲虫には、送粉者というよりは食害者というべきものが多く見られます。

しかし、甲虫のなかにも、比較的頻繁に花と花の間を飛び回るものがいます。こうした甲虫は、植物にとっては食害者でありながら、送粉者としても機能していると考えられます。例えば、広島大学（研究当時）の松木悠さんたちの研究からは、ホオノキ（モクレン科）では、花粉採餌者であるハナムグリ（コガネムシ科の甲虫）が、マルハナバチよりも有効な送粉者として機能しているという結果が得られています。また、ニワトコの果実にはケシキスイ科の甲虫の幼虫が食害者として寄生していますが、この甲虫の成虫はニワトコの主要な送粉者だといわれています。訪花性甲虫の、食害者としての側面と送粉者としての側面、どちらが卓越しているのかはケースバイケースで、一概には決められません。しかし、送粉を甲虫に依存している植物種が数多く存在しているのは確かなようです。

甲虫に受粉を依存する植物（甲虫媒）の花は、以下の特徴をもつことが多いといわれます。

・花の色は白。または緑色・灰色・黄色がかったくすんだ色。
・腐敗物臭や果実臭などの、強い匂いをもつものが多い。
・花の形状は単純で、皿状か碗状。
・葯や柱頭は露出している。
・花蜜を（あまり）出さず、多量の花粉をもつものも多い。

甲虫媒の花の特徴は、ハエ目昆虫が集まる花（ハナアブ・ハエ媒花、好腐バエ媒花）との共通点も多いようです。そのため、甲虫媒とされる花にハエ目昆虫が訪れ、ハエ媒とされる花に甲虫が訪れるのを見ることも珍しくありません。その一方で、甲虫と狩りバチが共通の植物種の花を利用する傾向があることを指摘する研究もあります。

ところで、スイレン科やモクレン科など、被子植物のなかで原始的な形質を残しているといわれる系統の植物分類群（いわゆる**基部被子植物**[63]とモクレンやセンリョウの仲間）には、送粉者への報酬として、花粉だけを提供する花（花粉花）が多く見られます。そして、それらは甲虫媒であることが比較的多いといわれています。これに関しては、ジュラ紀から白亜紀にかけて、ハチ目やチョウ目の多様化がまだそれほど進んでいなかった時代には、コウチュウ目が原始的な被子植物の送粉者として主要な役割を果たしていたためといわれることがあります。甲虫媒の植物は、もしかしたら**中生代から続く送粉相互作用のなごり**[64]を、現在に受け継ぐ存在なのかもしれません。

アザミウマ目（総翅目）

アザミウマ目は、体長が1～5ミリメートル程度の、細長い体型をした小さな昆虫のグループです。4枚の棒状の翅に、長くて細かい毛が羽毛のように総《ふさ》状に密生していて、これが「総翅目」という別名の由来になっています。小さくて目立ちませんが、花や植物の体表、落ち葉や土壌のなかなど、探せばあちこちにいる昆虫です。

63 基部被子植物
被子植物のなかで、他の被子植物のグループと最も古い時期に分岐したとされる3つの目（アムボレラ目、スイレン目、アウストロバイレヤ目）を指すのが一般的です。この3つの目に次いで古い時期に分岐したとされるモクレンやセンリョウの仲間を含めて基部被子植物という場合もあります。これらの植物には、被子植物の原始的な形質が多く残っているといわれています。

64 中生代から続く送粉相互作用のなごり
とは書きましたが、植物たちとコウチュウたちの間に見られる関係のうアザミウマという名前は、昔の子供がアザミの花を揺すりながら「馬出よ牛出よ」といって、花から這い出てくる小さな虫の数を競った、という遊びに由来しているといわれています。この名前からもわかるように、花に来て花粉を採餌するアザミウマの存在は古くから知られていました。しかし、1匹1匹がとても小さく、花から花へと飛び回る姿が観察されにくいことから、アザミウマは長い間、送粉者としてはあまり注目されてきませんでした。

しかし近年、熱帯地方を中心に、アザミウマが送粉に関わっていると思われる植物種が次々に報告されるにつれ、送粉者としてのアザミウマの評価は見直されています。では、1匹1匹が小さく、1匹あたりの花粉運搬能力は決して高くないように思われるアザミウマは、どのように植物の送粉に貢献しているのでしょうか。

じつは、アザミウマに送粉を依存する植物種のうち、少なくともいくつかでは、花の上で増殖したアザミウマが周辺に散らばることで、送粉が行なわれていると考えられています。アザミウマの**生活史サイクル**[★65]は非常に短いため、花にやってきたアザミウマは、（花の寿命が短くなければ）花が咲いている間に花の上で繁殖し、短期間のうちにその数を増やしていきます。こうして花の上で数

ち、どれだけが本当に中生代から受け継がれたものなのかに関しては、まだ検討の余地があります。

65 生活史サイクル　生まれてから繁殖して死ぬまでの期間のこと。このサイクルが短い生物は、資源さえあれば（かつ天敵が少なければ）、短い期間で急速に増殖することができます。アザミウマの場合、卵からおよそ1、2週間で成虫になります。

を増やしたアザミウマたちが花から散らばるときに、花から花粉が持ち出されるというのです。アザミウマはとても小さいので、1匹1匹の花粉運搬能力は低いかもしれません。しかし、花の上で増殖したたくさんの個体が送粉を担うことで、全体としては十分な量の送粉が行なわれる、というわけです。

熱帯の樹木には、開花のパターンに顕著な**豊凶現象**★66**が存在し、一斉開花**を通して種子生産を行なうものが少なくありません。一斉開花では普段の何倍もの花がその地域で開花するため、送粉者が不足しがちになります。しかし、一斉開花によって地域の花資源が増加すると、アザミウマは急速に増殖し、その数を増やします。この急速な増殖のため、アザミウマに送粉を依存する植物種では、一斉開花のときにも送粉者の不足が起きにくいのではないかと考えられています。こうした理由もあり、現在アザミウマは、熱帯地方の主要な送粉者のひとつに挙げられるようになりました。

ただし、花にやってくるアザミウマの仲間が、いつも送粉者として植物に貢献しているわけではないので注意が必要です。例えば、アザミウマという名前の由来となったアザミ類をはじめ、温帯地方であっても、花粉が多い花ではアザミウマが多く観察されます。しかし、たいていの場合、これらのアザミウマ

66 豊凶現象と一斉開花
開花量や種子生産量に顕著な年変動があり、それが広範な個体間で同調して起こることを豊凶現象といいます。豊凶現象を示す植物（樹木に多い）の場合、いわゆる「凶作年」にはほとんど花が咲きませんが、「豊作年」には大量の花が「一斉開花」します。日本では、ブナをはじめとした堅果類（ドングリをつくる樹木）が豊凶現象を示す植物として有名です。東南アジアの熱帯地方では、同地域内に生育する複数種の樹木が同調して一斉開花することが知られています。

◉中南米に生育するクワ科の樹木*Castilla elastica*の雄花に群がるアザミウマ
［写真提供］酒井章子氏

は、同じ花にやってくる他の訪花者に比べると、花に長く留まって花粉を食べてばかりいるように見えます。したがって、これらの花にとっては、アザミウマは送粉者というよりも花粉食者（第5章参照）と呼ぶべき存在なのだと思われます。

　また、広島大学の近藤俊明さんたちは、マレーシアの熱帯林に生育する**フタバガキ科植物**[★67]の花に来ていたアザ

67 フタバガキ科植物
熱帯に分布する樹木の仲間。高木になるものが多い。特に熱帯アジアに多く、南アジアや東南アジアの熱帯多雨林の主要構成樹種になっています。

ミウマとカメムシに付着していた花粉を遺伝的に調べ、フタバガキの花にいるアザミウマは、他個体の花粉をあまり持ち込んでいないことを示しました。近藤さんたちはこの結果をもとに、飛翔能力が低く、木々の間をあまり飛び回らないアザミウマよりも、一斉開花のときに大量発生したアザミウマを捕食するためにやってくるカメムシ類のほうが、フタバガキの個体間送粉には寄与しているのではないかと推察しています。もしそうなら、フタバガキにとってのアザミウマとは、送粉者になるカメムシを呼び寄せるための餌だということになります。アザミウマを捕食するカメムシが送粉者になっていると思われる事例は、京都大学の酒井章子さんたちによる、オオバギ属植物を対象とした研究でも報告されています。

アザミウマ媒の植物種には、コウチュウ媒と同様、被子植物のなかで原始的な形質を残していると考えられる系統（基部被子植物、モクレン目、センリョウ目など）や、裸子植物のソテツの仲間が多く含まれているといわれることがあります。このことと、スペインで見つかった1億1000万年前の琥珀《こはく》のなかからイチョウの花粉が付着したアザミウマの化石が見つかっていることなどから、アザミウマによる送粉様式は、★68**中生代から続く原始的な送粉相互作用のひとつ**

68 中生代から続く送粉相互作用のひとつとは書きましたが、植物たちとアザミウマたちの間に見られる関係のうち、どれだけが本当に中生代から受け継がれたものなのかに関しても、まだまだ検討の余地があります。

であると考える研究者もいます。

アザミウマ媒[★69]とされる植物種の花は、以下のような形質をもつものが多いといわれています。

・花の色は白から黄色、または緑。
・壺状の花や深い碗状の花、または小花が密集した花序。
・多くの花粉をもつ。
・甘い匂いをもつ。

アザミウマは、これまで送粉者としてはあまり注目されてこなかったグループであるだけに、彼らに送粉を依存することのメリットやデメリットについては、一部の例外を除いて詳しいことはよくわかっていません。これからの研究が待たれる送粉者のグループだといえるでしょう。

69 アザミウマ媒
日本に生育する植物のなかでは、フタリシズカ（センリョウ科）、ヤマノイモ（ヤマノイモ科）、ヤマグルミ（クルミ科）などが、アザミウマ媒ではないかといわれています。

鳥類

動物媒の植物種の多くは、花粉の媒介を昆虫（特にこれまでに紹介した5目の昆虫）に依存しています。しかし昆虫以外であっても、飛翔能力に長けた脊椎動物である「鳥」と「コウモリ」には、熱帯地方を中心に、送粉者として機能しているものが比較的多く見られます。

鳥かコウモリに受粉を依存する植物種の割合は、植物種全体の数パーセントに過ぎないと見積もられています。しかし、鳥やコウモリに受粉を依存する植物種は、植物体や花そのものが大きくて目立つものが多いため、非常に存在感があります。ここでは鳥類の送粉者から先に紹介します。

鳥類の送粉者としてまっ先に挙げられるのは、なんといってもハチドリの仲間（アマツバメ目ハチドリ科）です。ハチドリは南北アメリカ大陸とその周辺の島々に生息している**非常に小さな鳥です**★70。金属光沢を伴った鮮やかな色彩をもつものが多く、空飛ぶ宝石と呼ばれています。彼らの飛翔方法は鳥類としては独特で、なんと1秒間に50回以上も羽ばたくことで、高速飛行をしたりホバリングしたりすることができます。**花蜜を主食**★71としており、花の正面でホバリン

70 非常に小さな鳥
体重は大きなものでも20グラム以下です。なかでもマメハチドリは世界最小の鳥として知られていて、体長は6センチメートル。体重は2グラム弱しかありません。一円玉2枚よりも軽い鳥ということになります。

71 花蜜が主食
ただし、タンパク質の補給のために小動物（昆虫など）も食べます。

ハチドリの仲間

タイヨウチョウの仲間

ミツスイの仲間

メジロ

●花を訪れる鳥類の例
［写真提供］※1 James Wainscoat 氏（Unsplash.com）
※2 Lawrence D Harder 氏（University of Calgary）
※3 Beverly Buckley 氏（Pixabay.com）
※4 Boris Smokrovic 氏（Unsplash.com）

グした状態で花蜜を吸うことができます。吸蜜しているときの姿は、鳥というよりも、昆虫であるスズメガ（やはりホバリングしながら花蜜を吸う）に似ています。

ハチドリは、花蜜食に特化した細長い嘴《くちばし》と長い舌をもっています。その長さや形状（湾曲の程度）は種によって大きく異なり、それに応じて種ごとに異なる植物種の花を利用する傾向があります。例えば、ヤリハシハチドリというハチドリは、約10センチメートルにもなる長い嘴をもっていて、長い花筒をもつ花を選択的に訪れます。カマハシハチドリは他のハチドリに比べて大きく湾曲した嘴をもっており、その湾曲した嘴を活かして、ヘリコニア属（バショウ科）の植物が咲かせる、花筒が湾曲した花から吸蜜します。このようなハチドリ種間の嘴の形状の違いは、花資源を巡るハチドリ間の種間競争を回避するのに役立っているといわれています。

ハチドリの他には、タイヨウチョウ（スズメ目タイヨウチョウ科）やミツスイ（スズメ目ミツスイ科）、そしてハワイミツスイ（スズメ目アトリ科）の仲間が花蜜を主食としていて、いくつかの植物種の送粉に貢献しています。このうち、タイヨウチョウの仲間はアフリカ、アジア、オセアニアの熱帯地方を中心に、ミ

◉ヤリハシハチドリ
［写真提供］Joseph C Boone 氏［2012 CC BY-SA 3.0］
https://commons.wikimedia.org/wiki/File:Sword-billed_Hummingbird.jpg

ツスイの仲間はオセアニアから太平洋の島々に、**ハワイミツスイ**[★72]の仲間はハワイ諸島に分布しています。これらの鳥は、ハチドリのようにホバリングする能力をもっているわけではありません。しかし、**ハチドリと同様**[★73]、花蜜食に特化した細長い嘴をもっているものが多く見られます。残念ながら、ハチドリを含め、花蜜を主食とするこれらの鳥は**日本には生息していません**[★74]。

72 ハワイミツスイ
ハワイミツスイは、ハワイ諸島固有の鳥類グループです。しかし、紀元400年ごろに入植したポリネシア人による、生息地（主に森林）の破壊、美しい羽を目当てにした乱獲、西洋人が持ち込んだ外来の鳥類に由来する病気（鳥マラリアなど）などによって激減してしまいました。近年まで生息が確認されていた41種のうち、17種がすでに絶滅し、13種が絶滅の危機に瀕しています。

73 ハチドリと同様
この例のように、異なる系統の分類群に属しているにもかかわらず、似たような自然選択を受けて花蜜を主食にしているわけではない鳥たちのなかにも、花にやってきて送粉に寄与しているものがいくつか知られています。例えば日本では、メジロやヒヨドリなどが、冬から早春にかけて、ツバキ（椿）やウメ（梅）などの花から花蜜を採餌して送粉を担っています。

日本では、鳥媒の花の多くは、昆虫がまだ多くない冬から早春にかけて咲きます。これは、花蜜食に特化しているわけではない（細長い嘴をもたない）鳥でも採餌できる形態の花が春から秋にかけて咲けば、昆虫に花蜜を盗られてしまうからかもしれません。

さて、鳥類に受粉を依存する植物（鳥媒）の花は、以下の特徴をもつことが多いと言われています。

・花の色は赤系が多い。
・長い花筒（または距）をもつ。
・比較的うすい花蜜を大量に分泌する（ゼリー状の花蜜をもつものもある）。
・香りはほとんどない。
・丈夫な花冠（花弁）をもつ。

進化した結果、似た形態や性質が進化してくる現象を、収斂《しゅうれん》進化（または収束進化）といいます。

74 日本にはいません
小笠原諸島の固有種であるメグロは、以前はミツスイ科とされていました。しかし、DNA鑑定により現在はメジロ科とする説が主流です。

・唇弁のような、昆虫の着地に適した構造の花弁をもたない。
・ハチドリ媒以外の鳥媒では、とまり木の役割をもつ器官（花序に付属した突起物など）をもつものもある。

鳥媒の植物は、熱帯を中心とした温暖な地域に多く見られ、寒冷な地域ではまれです。この原因のひとつは、花蜜を主食にする鳥は年間を通じて花蜜を必要とするため、年間を通じて花が咲く地域でないと定住できないためです。送粉に寄与する鳥には「渡り」をするものがいるので、温帯や亜寒帯にもハチドリやミツスイ、タイヨウチョウなどに送粉を依存している植物種は存在します。しかし、一年中花の咲いている熱帯や亜熱帯が、花蜜を主食にする鳥にとって居心地のいい、分布の中心であるのは間違いありません。

鳥媒が熱帯に多いのは、鳥は昆虫たちに比べて体が大きいため、多量の花蜜を必要とするからでもあります。一般に暖かいほうが植物の光合成速度は早くなります。このため、暖かい地域の植物は、寒い地域の植物に比べ、光合成産物に余力が生まれます。この余力があるからこそ、暖かい地域の植物は、鳥を惹きつけるに十分な量の花蜜を生産できるのです。

ではなぜ、鳥媒の植物は、多量の花蜜を生産してまで鳥を利用するのでしょうか。

その答えは、鳥の飛翔能力と学習能力にあります。亜熱帯から熱帯は植物の多様性が高く、それぞれの植物種は、広範囲に低密度で分布しています。このため、同種の植物の花が近くに咲いていないことが珍しくありません。しかし、鳥は昆虫よりもずっと飛行距離が長く、学習能力も高いため、それぞれの植物種が低密度に分布していても、特定の花の形質や位置を記憶して、報酬の多い花を選んで訪れる傾向があります。低密度で分布している植物にとって、これは大きなメリットです。鳥媒の植物が、多量の花蜜を生産してでも花粉の媒介のために鳥を利用するのは、このためと考えられます。

このような事情があるため、鳥媒の植物にとっては、昆虫の訪花を受けるのはあまり好ましいことではありません。なぜなら、せっかく鳥のために準備した花蜜を、昆虫の訪花者がやってきて消費すれば、鳥が来てくれなくなってしまうからです。鳥媒花の多くは鮮やかな赤色をしていますが、これはまさに、鳥には目立ち、**昆虫には目立たない色**[★75]が、ヒトの目で見た「赤」であるからと考えられています。おそらく赤は、鳥が好む色という以上に、昆虫に見つかりに

75 昆虫には目立たない色　「チョウ目」のところですでに書きましたが、一部のチョウ目昆虫を除く多くの昆虫は、ヒトが鮮やかな赤として認識している物体を、その物体が紫外線を反射していない限り、明度の低い、暗い色の物体としてしか認知できません。

くい色として、鳥媒の花に進化してきた形質なのでしょう。その証拠に、鳥媒の花のなかには、花蜜の粘度を非常に高くすることで昆虫が吸蜜できないようにしているものがいくつか知られていて、そうした鳥媒の花の色は、赤でないことも珍しくありません。

鳥媒の「赤」は、アフリカやアジア、オセアニアや太平洋の島々、そして南北アメリカで、さまざまな系統で、何度も独立に進化してきたことがわかっています。鳥類の訪花性がそれぞれの地域で個別に進化してきたことを踏まえると、とても面白い進化の妙といえるのではないでしょうか。

コウモリ

コウモリ目（翼手目）は、哺乳類のなかではネズミ目（齧歯目《げっし》）に次いで科数と種数が多い、大きなグループです。極地や高山、一部の島嶼《とうしょ》を除く、世界中のほとんどの陸域に生息していて、分類のしかたにもよりますが、18科186属1300種以上が記載されています。ただしこれらのうち、常習的に花を訪れる性質があり、送粉に寄与していると思われるのは、（ニュージーランド固有の

ヘラコウモリの仲間

オオコウモリの仲間

●花を訪れるコウモリの例
［写真提供］※1 Zdeněk Macháček 氏（Unsplash.com），
※2 Andrew Mercerr 氏［2011 CC BY-SA 4.0］
https://commons.wikimedia.org/wiki/File:Grey-headed_Flying_Fox_(IMG0526).jpg

1属2種の小さな科である**ツギホコウモリ科**[76]を除けば）南北アメリカ大陸とその周辺に分布するヘラコウモリ科と、アジア、アフリカ、オセアニアに分布するオオコウモリ科の、2つの科に属するコウモリに限られます。

このうちヘラコウモリ科は、科名の由来である、ノーズリーフ（鼻葉）と呼ばれるヘラのような鼻かざりをもつコウモリです。ノーズリーフとは、彼らが**反響定位（エコロケーション）**[77]を行なう際に、耳の補助機関として、どの方角からの音波なのかを判断するのに用いられている器官です。

ヘラコウモリ科のうち、訪花に特化した種には、長い鼻とともに、伸縮

76 ツギホコウモリ科
本文では1属2種の小さな科と書きましたが、このうち1種はすでに絶滅した可能性が疑われています。訪花性のコウモリとしては例外的に温帯域に生息している点や、地上を歩行する時間が長い点など、独特の生態をもっています。

77 反響定位（エコロケーション）
自分が発した音の反響を利用して、自分や物の位置を把握すること。オオコウモリ科を除くコウモリの多くは、人には感知できない、おおよそ30〜

性に富む長い舌をもつものが多く知られています。なかでもバナナシタナガコウモリ（*Musonycteris harrisoni*）という種は、体長（約8センチメートル）に匹敵するほどの長さの舌をもっていて、長い花筒をもつ花を訪れて花筒の奥から花蜜を舐め取ります。

一方、オオコウモリ科は、コウモリ目のなかでは「変わり者」といえる性質をもっているコウモリです。オオコウモリ科以外のコウモリが、「大きな耳と小さな目、そして突き出した鼻」という、いかにもコウモリらしい顔つきをしているのに対し、オオコウモリ科のコウモリは、それほど大きくない耳と大きな目をもっていて、**キツネのような顔つき**[★78]をしています。この顔つきの違いは、オオコウモリ科以外のコウモリが、発達した聴覚を用いて反響定位を行なっているのに対し、オオコウモリ科のコウモリはほとんど反響定位を行なわず、視覚に頼って位置を把握していることと関連しています。また、オオコウモリ科のコウモリは、その科名のとおり大型のものが多く、大きいものでは翼を広げると2メートルにも達します（ただし訪花に特化した種は比較的小型なものが多いようです）。

ちなみに、オオコウモリ科のコウモリが、それ以外のコウモリ類とは際立っ

100キロヘルツの音波（いわゆる超音波）を発し、その反響を利用して周囲の状況を把握しています。いわば、音を利用して周囲を「見ている」のです。

78 キツネのような顔つき　この顔つきのため、英語圏ではオオコウモリのことをflying fox（空飛ぶキツネ）といいます。

て異なる性質をもっているため、比較的最近まで、コウモリ目はオオコウモリ科だけを含むオオコウモリ亜目（大翼手亜目）と、それ以外のコウモリすべてを含む**コウモリ亜目**[★79]（**小翼手亜目**）の2つに分けられていました。しかし、DNA配列の解析によって、オオコウモリ科は、それ以外のコウモリの系統樹の内側に位置することが明らかにされたため、現在の分類では、オオコウモリだけを別のグループにする考えは否定されています。

さて、コウモリに受粉を依存する植物（コウモリ媒）の花がどのような形質をもっているのかを見てみましょう。

・夜間に開花する。
・丈夫で大きな花冠（花弁）をもつ。
・多量の薄い花蜜を分泌する（ゼリー状の花蜜をもつものもある）。
・発酵臭など強い匂いをもつ（南北アメリカには硫黄化合物臭を含むものが多い）。
・色は、白かクリーム色、緑や紫、褐色のものが多い。
・花冠が筒状に長く、花蜜が奥に隠れているものが多い（特に南北アメリカ）。
・小さな花が集合したブラシ状の花序も多い（特にアフリカ、アジア、オセアニ

79 コウモリ亜目（小翼手亜目）
このグループに分類されていたコウモリを、オオコウモリに対してココウモリと呼びます。

ア）。

・音を反響しやすい構造をもつ（南北アメリカのみ）。
・幹や茎から直接花が咲く、または葉群の外側に花が咲く。

夜間に開花するのは、いうまでもなく、夜行性のコウモリに対する適応です。丈夫な花冠をもち、多量の薄い花蜜（またはゼリー状の粘度の高い花蜜）を分泌する点は、鳥媒と同様です。これは、昆虫よりも大きな訪花者に対する適応形質だといえるでしょう。また、ガ媒やコウチュウ媒と同じく、コウモリ媒の花はどれも、強い匂いをもち、色彩が乏しい傾向にあります。これは、夜行性の訪花者にとっては、色彩よりも匂いが重要な手がかりになるからと考えられます。こうした形質は、ヘラコウモリ科のコウモリに受粉を依存する、南北アメリカ大陸のコウモリ媒花と、オオコウモリ科のコウモリに受粉を依存する、アフリカ・アジア・オセアニアのコウモリ媒花に共通して見られます。

一方、南北アメリカ大陸とアフリカ・アジア・オセアニアのコウモリ媒花が有する形質には、いくつかの違いも見られます。この違いは、それぞれの地域で送粉に携わっている、ヘラコウモリ科（南北アメリカ）とオオコウモリ科（アフリカ、アジア、オセアニア）の性質の違いに起因していると考えられます。特筆すべきなのは、南北アメリカのコウモリ媒花に見られる、**音を反響する構造**[★80]や、反響音を際立たせる仕組みです。

例えば、キューバに生育するマルクグラビア・エベニア（*Marcgravia evenia*）は、花序の上に音を反射しやすいお椀状の葉をつけ、コウモリに花の位置を知らせています。サボテン科のエスポストア・フルテスケンス（*Espostoa frutescens*）の場合は、花の周囲に音を吸収する綿毛を生やすことで、花の反響音を際立たせているといわれています。そして興味深いことに、南北アメリカのコウモリ媒の花は、それぞれの種ごとに固有の反響音（音響指紋）をもっています。どうやらコウモリたちは、その音響指紋によって花の種類を識別しているようなのです。

コウモリ媒の植物に、幹や茎から直接花をつけるものや（幹生花）や、葉群の外側に花をつけるものが多いのはなぜなのでしょうか？　これに関しては、南北アメリカ大陸とアフリカ・アジア・オセアニアのコウモリ媒で、異なる説明がなされています。まず南北アメリカでは、葉群のなかに花があると、花の反響音が葉によってかき消されてしまうためだといわれています。幹に直接花をつけるか葉群の外側に花をつけることで、花の反響音を際立たせることができ

80　音を反響する構造
余談ですが、東南アジアのボルネオ島には、ウツボカズラ（壺状の葉で虫を捕らえて消化する食虫植物）の捕虫壺をねぐらにしているコウモリが生息しています。このウツボカズラはコウモリの排泄物を消化し、栄養源として利用しているため、両者は相利の関係（互いに利益を得る関係）にあると考えられています。興味深いことに、このウツボカズラは独特の反響音でコウモリに捕虫壺の存在を知らせているとのことです。

るのではないか、というわけです。一方、アフリカ・アジア・オセアニアでは、体が大きなオオコウモリが、薄暗いなかで視覚に頼りながら葉群をかき分けて飛行するのが困難なためといわれます。異なる理由によって、異なる地域に似た形質が進化してきたとすれば面白い偶然です（ただしこれに関しては、もう少し慎重な検討が必要かもしれません）。

鳥のところでも書きましたが、コウモリなどの脊椎動物の送粉者は、昆虫の送粉者に比べて体が大きいため、彼らを呼び寄せるためには、多量の花蜜を分泌しないといけません。にもかかわらず、熱帯地方にコウモリを利用する植物が多いのは、やはり鳥と同様、コウモリの飛行距離が長く、学習能力が高いためと思われます。コウモリの飛行範囲は、平均するとハチドリの10倍にもなると見積られています。花蜜を求めて一晩で50キロメートルも飛び回るコウモリの仲間も知られています。植物の多様性が非常に高く、同種の植物が近くに生育していないことが珍しくない熱帯の植物にとって、コウモリの飛翔能力と学習能力は重要な意味をもっているのです。

多様で柔軟な関係

ここまで、主要な送粉者グループと、それぞれに関連する送粉シンドロームについて紹介してきました。しかし、先にも述べたように、植物と送粉者の関係は、一部の例外を除き「互いにこの相手じゃないとダメ」というような絶対的なものではありません。1種類で多くの種類の植物種を訪れる送粉者がいれば、その時々の状況によって縁が切れたり結ばれたりすることもある、比較的ゆるい関係です。このため、ある植物種を利用していた送粉者が、なにかしらの理由でその地域から姿を消した場合、または、ある植物種が移入してきた地域に、これまでその植物種を利用していた送粉者がいなかった場合には、もともとの送粉者によって利用されなくなったその植物種の花資源が、別の動物種によって利用されるようになることがあります。その結果、その動物種が**その植物種の新たな送粉者となる**[★81]ことがあるのです。

大洋に浮かぶ島々は、他の地域から隔離されているために、しばしば送粉者相（送粉者の種組成）に偏りが見られます。特に、多くの地域で最も重要な送粉者とされているハナバチの仲間は、海洋島には生息していないか、いたとして

81 その植物種の新たな送粉者となる　ただし、植物と訪花者の組み合わせ次第では、新たな訪花者が有効な送粉者とはならず、花蜜や花粉の簒奪者《さんだつしゃ》となってしまうこともあります。

も種数が極めて少ないことが多いようです。具体的には、ニュージーランドやハワイ諸島、ガラパゴス諸島など、大陸から遠く隔てられた島々には、在来の社会性ハナバチは生息しておらず、単独性ハナバチも限られた種類しか生息していません。

こうした島々では、しばしば、1種類で非常に多くの種類の植物を利用する送粉者（スーパージェネラリスト送粉者）が見られたり、送粉者として機能することがまれな動物の分類群が送粉者として機能している例が見つかったりします。例えば、ガラパゴス諸島に生息する唯一のハナバチであるダーウィンクマバチは、たった1種で79種もの植物の花を訪れることが記録されています。また、伊豆諸島の島々は、本州から離れた島ほど口吻の長いタイプの送粉者が少なくなりますが、神戸大学の平岩将良さんと丑丸敦史さんは、そうした島々では、口吻の短い送粉者の一部が、花筒の長い花も利用するようになっていることを報告しています（第7章参照）。

一方、大西洋のガラパゴス諸島やインド洋の海洋島からは、バッタ目（直翅目）による送粉が報告され、ニュージーランドやタスマニアなどからは、トカゲやヤモリといった爬虫類による送粉が報告されています。バッタ目や爬虫

●ダーウィンクマバチ（*Xylocopa darwini*）
［写真提供］Hugues Mouret 氏［2014 CC BY-SA 4.0］
https://commons.wikimedia.org/wiki/File:Xylocopa_darwini_fem_scalesia_cdf_GALAPAGOS090114_2rec.jpg

類による送粉の報告は島嶼以外ではまれで、★82**2003年に発表された研究**によれば、これまでに訪花行動が観察された爬虫類37種のうち、35種は島嶼部で報告されているとのことです。沖縄県の南大東島と北大東島に生育するトウダイグサ科のボロジノニシキソウでは、★83**ヤドカリ（オカヤドカリ）による花蜜食**まで報告されて

82 2003年に発表された研究
この研究では、大陸と島の餌環境の違いや捕食者の違いが、島に住むトカゲたちの訪花行動の進化を促したと考察しています。しかし本文で書いているように、私は、大陸と島の送粉者相（送粉者の種構成）の違いも、島のトカゲたちの訪花行動を促した原因と考えています。

83 ヤドカリによる花蜜食
琉球大学の傳田哲郎さんたちによる発見です。脚に花粉がついているのが確認されていることから、おそらく送粉も行なわれていると思われます。

います。

島々で見られるこうした現象は、まさに送粉相互作用の柔軟さを示しています。一般的な送粉者が一通り揃っていない地域では、本来の送粉者の不在によって利用されなくなった植物種の花資源を、その地域にもともといた別の訪花者か、もともとは訪花者ではなかった動物種が利用するようになり、そのまま、または次第に、その植物種の新たな送粉者として機能するようになったのだと思われます。

比較的珍しい送粉様式のひとつである、非飛翔性の哺乳類による送粉も、もともとはコウモリ媒だった植物が、訪花性コウモリがいない（または少ない）地域に移入した結果生じた可能性があります。というのも、非飛翔性哺乳類が訪れる花は、訪花性コウモリがいない（または少ない）地域でよく見られ、かつ、それらの花の形質がコウモリ媒とされる花によく似ているからです。

例えば、オーストラリアの南西部には、訪花性のコウモリは分布していませんが、この地域ではフクロミツスイ（フクロミツスイ科）という、花蜜食に特化した小型の**有袋類**[84]が生息しています。彼らは、他の地域であればコウモリ媒になっていたと思われる形質の花から採餌して、送粉を行なっています。この地

84 有袋類
育児用の袋をもち、そのなかで子供を育てる哺乳類のこと。オーストラリア大陸と南北アメリカ大陸、およびその周辺域に分布しています。カンガルーやコアラが有名ですね。

域では、アンテキヌスモドキ（フクロネコ科）という雑食性の小型有袋類も花蜜の採餌をしていることが報告されています。

マダガスカルは訪花性コウモリ（オオコウモリ）の分布域に含まれてはいますが、その数は多くありません。ここには、花蜜食のキツネザル類がいて、コウモリ媒の形質をもつ花から採餌し、送粉を行なっています。同様に、訪花性のコウモリが分布していない南アフリカの西部からは、**ネズミ目の哺乳類に送粉される植物**[85]がいくつか報告されています。

東南アジアから九州にかけて分布するカマエカズラというマメ科の植物は、東南アジアではコウモリ媒として知られていますが、琉球大学の小林峻さんたちの研究によれば、この植物は訪花性コウモリのいない九州では、テンやニホンザルによって送粉されているとのことです。

コウモリ媒の植物の花は、概して花蜜を多く分泌するため、そうした植物種が訪花性コウモリのいない（または少ない）地域に進出すると、大量の花蜜が消費されずに花に残されることになります。その花蜜を非飛翔性の哺乳類が利用するようになり、その結果、新たな送粉パートナーシップが築かれた、ということなのでしょう。

85 ネズミ目に送粉される植物
ただし、これまで報告されているネズミ目に送粉される植物種のいくつかは、ネズミが訪花しやすい地表近くに花が咲くという共通の特徴があり、この点はコウモリ媒の一般的な特徴と一致しません。したがって、これらネズミ媒の花は、コウモリ媒とは独立に進化してきた可能性もあります。

料金受取人払郵便

牛込局承認

9513

差出有効期間
2021年12月22日
まで

(切手不要)

郵便はがき

1 6 2-8 7 9 0

東京都新宿区
岩戸町12レベッカビル
ベレ出版

読者カード係　行

お名前	年齢
ご住所　〒	
電話番号 / 性別 / ご職業	
メールアドレス	

個人情報は小社の読者サービス向上のために活用させていただきます。

ご購読ありがとうございました。ご意見、ご感想をお聞かせください。

● **ご購入された書籍**

● **ご意見、ご感想**

● 図書目録の送付を　□ 希望する　□ 希望しない

ご協力ありがとうございました。
小社の新刊などの情報が届くメールマガジンをご希望される方は、
小社ホームページ（https://www.beret.co.jp/）からご登録くださいませ。

●南アフリカの固有植物*Massonia depressa*（アスパラガス科）の花を訪れるアレチネズミの仲間（*Gerbillurus paeba*）
［写真提供］Steven Johnson氏（University of KwaZulu-Natal）

このような植物と送粉者のパートナーシップの変更は、植物が進化してくる過程で何度も起きてきたと思われます。そして送粉者の変更は、新たな送粉者に合わせた花形質の進化をもたらすことになります。こうした植物と送粉者の関係性の柔軟さこそが、世の中にさまざまな花が生み出されてきた主たる原因なのです。

写真提供＝川北篤氏

第3章

絶対送粉共生

前章でも書きましたが、送粉者と植物の関係は多くの場合、「互いにこの相手じゃないとダメ」というような絶対的なものではありません。植物にも送粉者にも、好ましい相手とかあまり好ましくない相手とかは存在しますが、大多数の植物種や送粉者種は、複数の相手と関係を結んでいます。

とはいえ、ごく限られた相手とだけ関係を結んでいる植物種や送粉者がいるのも事実です。例えば、前章のハチ目のところで紹介した、性的擬態を行なうランは、多くの場合、たった1種の送粉者だけを利用しています。同様に、芳香物質を報酬にしてシタバチのオスを誘引するランの仲間も、それぞれが1〜数種の送粉者だけを利用しています。

サクラソウ科のクサレダマという植物は、花の報酬としての花蜜を分泌せず、その代わりに油（花油）を分泌します。ケアシハナバチ科クサレダマバチ属のハチは、クサレダマの花ばかりを訪れ、その**花油と花粉を採取**[★86]します。花油を分泌する植物種や花油を集めるハナバチ種は他にも知られていますが、それらは、互いに1種（または数種）の相手とだけ関係を結んでいると報告されているものが多いように思います。

マダガスカルに生育する**アングレカム・セスキペダレ**[★87]（*Angraecum sesquipedale*）

86 花油と花粉を採取
クサレダマバチ属のハチは、花粉と花油を混ぜた花粉団子を幼虫の餌にしています。

87 アングレカム・セスキペダレとキサントパンスズメガ
アングレカム・セスキペダレの標本を見たダーウィンは、著書『蘭の受粉』のなかで、その送粉者を非常に長い口吻をもつ蛾だと予言しました。キサントパンスズメガは、まさにその予言どおりの送粉者として、40年以上後の1903年に発見されました。この逸話から、アングレカム・セスキペダレはダーウィンの蘭、キサントパンスズメガはというランの花は、通常の訪花者の口吻ではとても届かないほど長い距をもっていて、その奥に花蜜を隠しています。このランの送粉は、この長い距の奥まで届くほどの長い口吻をもつ**キサントパンスズメガ**★87（*Xanthopan morganii*）という蛾によってのみ行なわれています。アングレカム・セスキペダレとキサントパンスズメガの関係のように、長い花筒や距の奥深くに花蜜を隠した植物種と、長い口吻をもつ送粉者との排他的な関係は、他にもいくつか報告されています。

特定少数の相手とだけ関係を結んでいる植物種や訪花者のことを、送粉生態学の世界では、**スペシャリスト**★88といいます。植物にとって、スペシャリストの訪花者に送粉を依存することは、異種植物間の送粉を軽減させるためには有効です。なぜなら、スペシャリストの訪花者は、浮気をせずに特定の植物種ばかりを訪花してくれるからです。しかし、スペシャリスト以外の訪花者を完全に排除するための仕組みをつくるのは、不可能ではないにせよ簡単ではありません。また、特定のスペシャリスト訪花者にだけ受粉を依存するのは、その訪花者（送粉者）がいなくなれば受粉が行なえなくなるリスクを抱えることにも繋がります。

一方、送粉者にとっても、特定の植物種しか利用しない（できない）というの

ダーウィンの蛾と呼ばれています。

88 スペシャリスト
スペシャリストとは反対に、さまざまな種類の送粉者を利用する植物種や、さまざまな種類の植物種を訪花する送粉者のことをジェネラリストといいます。実際には、ジェネラリストとスペシャリストという概念は、それぞれに二分できるようなものではなく、中間的なものを含んだ連続的なものとして捉えることができます。

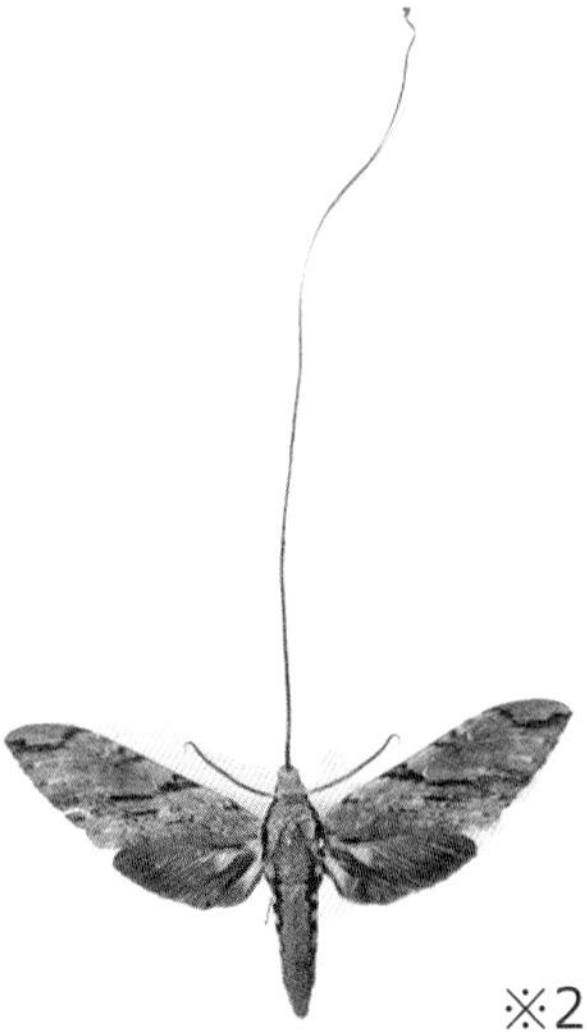

◉アングレカム・セスキペダレとキサントパンスズメガ
［写真提供］※1 Michael Wolf氏［2010 CC BY-SA 3.0］
https://commons.wikimedia.org/wiki/File:Angraecum_sesquipedale_07.jpg,
※2 Esculapio氏［2010 CC BY-SA 3.0］
https://commons.wikimedia.org/wiki/File:NHM_Xanthopan_morgani_clear.jpg

は、その植物種がいなくなれば採餌できる花がなくなってしまうことを意味します。事実、土地利用の改変などによって植物の種数が減ると、真っ先に姿を消すのは、決まった植物種ばかりを利用するスペシャリスト的な訪花者であることが多いといわれています。世の中に極端なスペシャリスト植物や極端なスペシャリスト送粉者がまれなのは、こうした事情のためと思われます。

ところが驚くべきことに、特定の分類群に属する植物種のほぼすべてが、特定の分類群に属する送粉者と、ほぼ1対1の関係を結んでいるという事例が、3つの植物分類群（イチジク属、ユッカ属、コミカンソウ科の一部）と、それらに対応する3つの送粉者分類群（イチジクコバチ、ユッカガ、ハナホソガ）の組み合わせで報告されています。これらの系において、植物種は、それぞれが特定の1種（または数種）の送粉者だけに受粉を依存しています。このため、パートナーたる特定の送粉者種がいなければ受粉を達成できません。送粉者種のほうも、幼虫時代の餌を彼らが受粉する植物種に完全に依存しているため、その植物種がいなければ子孫を紡いでいくことができません。このような植物と送粉者の関係のことを「絶対送粉共生」といいます。

絶対送粉共生に見られる関係は、植物と送粉者の関係としては、いささか例外的な存在といえるかもしれません。しかし、生物と生物の関係が本質的にどのようなものなのかを教えてくれる、魅惑的で面白い事例を数多く含んでいます。この章では、イチジク属、ユッカ属、コミカンソウ科に見られる、絶対送粉共生について紹介します。

イチジクとイチジクコバチ

皆さんは、イチジクの花がどのようなものかを思い描くことができるでしょうか。「果実は食べたことがあるけど、花は見たことがない」という方が多いのではないでしょうか。ですが、もしあなたがイチジクを食べたことがあるのなら、おそらくそれは、イチジクの果実ではなく花です。より正確には、小さな花がたくさん集合した花序と、その花序を覆うように**花托**[★89]（かたく）が袋状に変形した、花嚢《かのう》と呼ばれる構造物といったほうがいいかもしれません。

一般的な果物は、花が咲いたあとにできる果実を食べます。しかし日本で栽培されているイチジクの場合、花嚢とその内側にあるたくさんの**花を食べます**[★90]。イチジクを割ると内側にブツブツがありますが、そのひとつひとつがイチジクの花（雌花）なのです。

イチジク属の植物は、熱帯から亜熱帯を中心に、世界中に700種以上が生育しています。それらはすべて、栽培品種のイチジクと同様、花嚢の内側に花を

89 花托
花の基部の茎が肥大化したもの。花床ともいいます。

90 花を食べます
ただし、海外のイチジク（特に乾燥イチジクとして売られているもの）には、花嚢のなかに種子ができたもの（果嚢）を食べるものもあります。このタイプのイチジクは、ジャリジャリとした歯ごたえがあります。ちなみに、イチジクのことを漢字で「無花果」と書きます。これは、イチジクの花が花嚢の内側にあって、外側からは見えないことに由来しています。

◉イチジクの花嚢とその断面

つけます。花嚢の内側に通じる入口は、鱗片《りんぺん》状の組織によってほぼ閉ざされているため、普通の訪花昆虫が花嚢の内側に入り込むのは困難です。もちろん、風によって花粉が運ばれることもありません。ではどうしているのかというと、イチジクの仲間はすべて、花嚢の内部に潜り込んで花の子房に産卵する、イチジクコバチという、体長が2ミリメートルほどの小さなハチに送粉を依存して

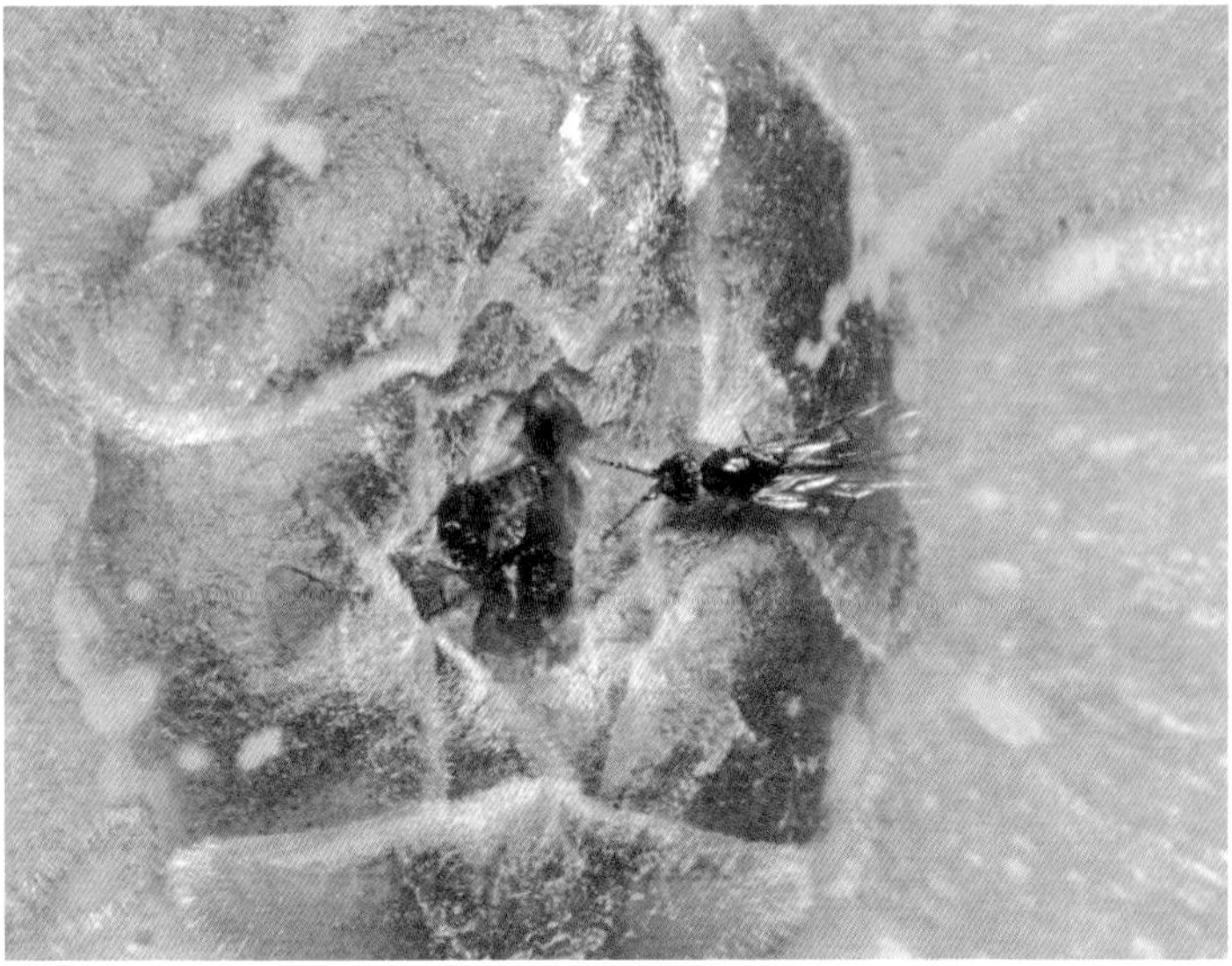

◉イチジク（*Ficus racemosa*）の花嚢に潜り込むイチジクコバチ
［写真提供］川北篤氏

いるのです。

それぞれのイチジク種ごとに、受粉を担うイチジクコバチ種は異なっていて、基本的に1対1の関係が結ばれています。つまり、アコウというイチジク種にはアコウコバチというイチジクコバチ種が、イヌビワというイチジク種にはイヌビワコバチというイチジクコバチ種がいて、**基本的には**[★91]その組み合わせの間でのみ、送粉と産卵が

91 基本的には
こう書いたのは、1種のイチジクに対して数種のイチジクコバチが送粉者として対応している例も、いくつか報告されているからです。

行なわれています。

イチジクとイチジクコバチの間で、具体的にどのようなことが行なわれているのでしょうか。イチジクの仲間には、同一の株に雄花と雌花がつく種類（雌雄同株）と、株ごとに雌雄が分かれている種類（雌雄異株）がありますが、イチジクとイチジクコバチの関係は、そのイチジク種が雌雄同株なのか雌雄異株なのかでいくらか異なっています。そこでイチジクとイチジクコバチの関係を、雌雄同株と雌雄異株の場合に分けて説明します。

まず**雌雄同株のイチジク**[★92]の場合です（**図3・1a**）。雌雄同株のイチジクでは、ひとつの花嚢のなかに雌花と雄花の両方がつきます。ただし同じ花嚢のなかでは、雌花が先に成熟します。イチジクコバチのメスは、雌花が成熟している時期（雌期）の花嚢にやってきて、花嚢の入り口から潜り込むようになかに入っていきます（❶）。花嚢の入り口はほとんど閉じているため、なかに入るときにメスバチの翅や触覚はむしり取られてしまいます。花嚢の内部に潜り込むメスバチは、後で明らかになる理由によって、外から持ってきた花粉を、**花粉ポケット**[★93]と呼ばれる腹部にある袋状の構造に詰め込んで持っているか、体表に付着させています。そして、その花粉によって花嚢の内部にある雌花の受粉が行なわれます。

92 雌雄同株のイチジク
アコウやカジュマル、インドゴムノキなど。仏陀がその木の下で悟りを開いたという菩提樹（インドボダイジュ）も、雌雄同株のイチジクです。ただし、日本のお寺などでボダイジュとして植えられているのは、中国原産のシナノキ科の樹木で、インドボダイジュとは葉の形（ハート型）が似ているだけの、まったく違う種類の植物です。

93 花粉ポケット
イチジクコバチには、花粉ポケットをもつ種ともたない種があります。花粉ポケットをもつイチジクコバチ種に送粉を依存しているイチジク種は、

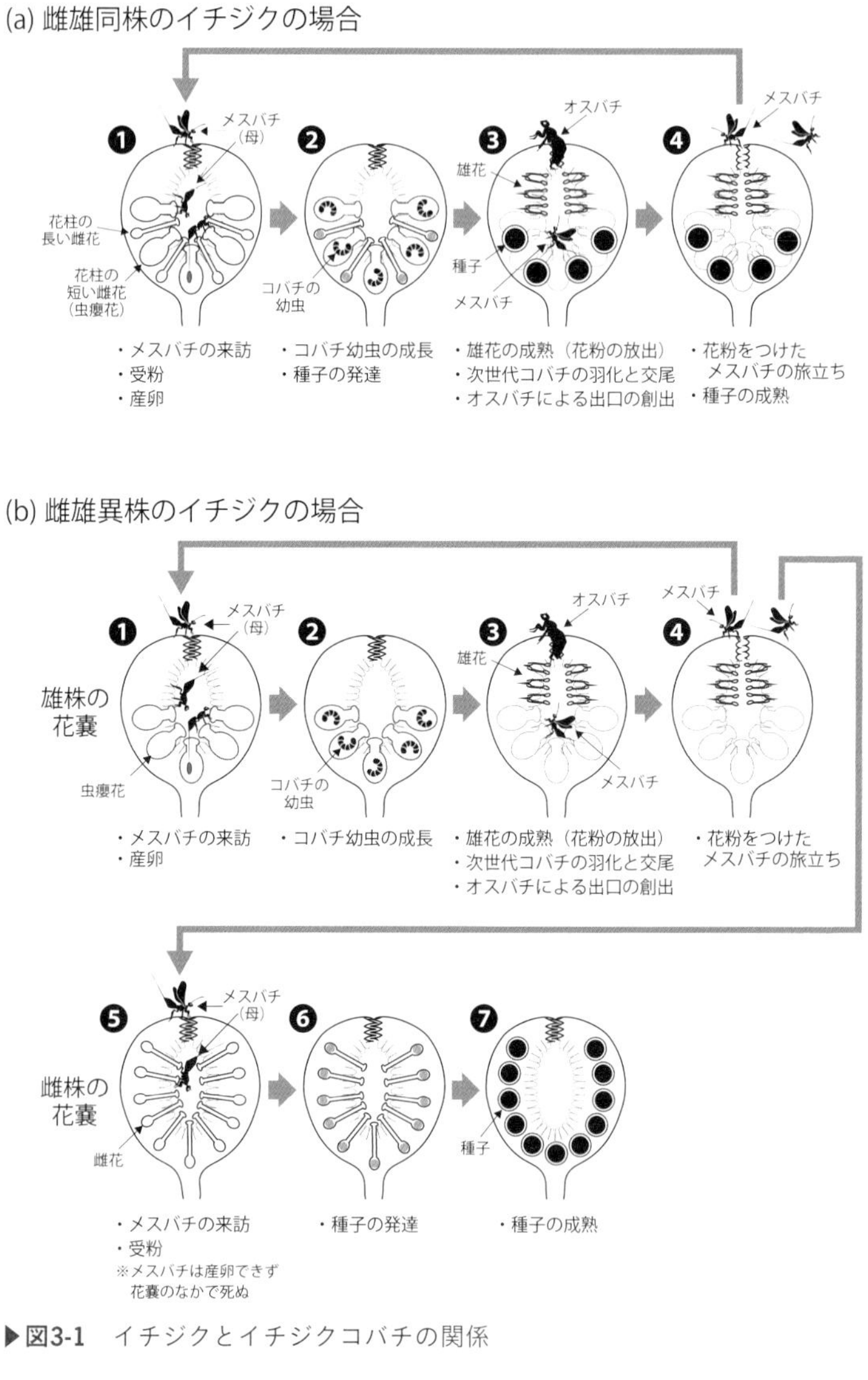

▶**図3-1**　イチジクとイチジクコバチの関係

花嚢のなかに潜り込んだメスバチたちは、雌花にある雌しべの先端から産卵管を差し込み、子房に卵を産みます。卵から孵った幼虫は子房を食べて育ちます(❷)。

イチジクからすると、いくら受粉してもらっても、種子ができる場所である子房を食べられてしまったら元も子もないように思えます。しかし雌雄同株のイチジクの場合、ひとつの花嚢のなかには花柱(雌しべの先端から子房までをつなぐ部位)が短い雌花と、花柱が長い雌花があり、花柱が長い雌花では、産卵管が子房まで届かないため、メスバチは産卵することができません。このため、花柱が長い雌花の子房は食べられることなく成熟することができ、イチジクは子孫を残すことができるのです。花柱の短い雌花は、いわばイチジクコバチの餌に特化した花です。種子をつけないことが多いので、雌花とはいわずに虫癭果《ちゅうえいか》と呼ぶこともあります。産卵を果たしたメスバチは、花嚢のなかで死んでしまいます。

さて、イチジクの子房を食べて育ったイチジクコバチの幼虫はその後、蛹《さなぎ》になり、花嚢のなかで雄花が成熟するころ(雄期)に**羽化**★94して成虫になります(❸)。多くの場合、オスバチが先に羽化して、あとから羽化するメスバチと**交尾をし**★95

花嚢のなかの雄花の数が少なく、花粉を少なめに生産する傾向があるようです。

94 羽化
昆虫が、蛹や幼虫から脱皮を経て成虫になること。多くの昆虫では完成した翅(羽)は成虫にしか見られないため、成虫になるときの脱皮をこう呼びます。オスのイチジクコバチには翅がありませんが、それでも成虫になるときの脱皮は「羽化」といいます。

95 交尾をします
ひとつの花嚢に複数のメスバチが入り込んで卵を産むこともあるので、同じ花嚢のなかでも、同じ

ます。オスのイチジクコバチよりも大きく、翅がありません。オスバチは交尾をすると、メスのイチジクコバチが花嚢から抜け出るための穴をつくり、その一生を終えます。一方、交尾を終えたメスバチは、雄花が出す花粉を、体表に付着させるか腹部にある花粉ポケットに詰め込んで、オスバチたちが花嚢に開けた穴から外の世界へ飛び出します（❹）。そして別のイチジクの株へ飛んでいき、雌花が成熟している時期の花嚢を匂いで探し当て、そのなかに潜り込みます。その後は、彼女の母親が彼女を産んだときにしてきたことの繰り返しです（❶に戻る）。

一方、**雌雄異株のイチジク**★96の場合は、これとは違ったことが起きます（**図3・1b**）。雌雄異株のイチジクでは、雄株の花嚢には**雄花と虫癭果**★97が、雌株の花嚢には雌花がつきます。雌雄異株のイチジクを利用するイチジクコバチ種のメスも、匂いで花嚢を探し当て、そのなかに潜り込みます。ただしメスバチたちは、花嚢のなかに入るまで、それが雄株の花嚢なのか雌株の花嚢なのかを区別できません。それにもかかわらず、メスバチたちの運命は、潜り込んだのが雄株の花嚢だったのか、雌株の花嚢だったのかで大きく異なります。それぞれどのような運命をたどるのでしょうか。

親由来のオスとメスが交尾するとは限りません。

96 雌雄異種のイチジク
イヌビワやオオイタビなど。

97 雄花と虫癭果
雄株の花嚢のなかでは、雄花は奥のほうに、虫癭花は花嚢の入り口付近につきます。虫癭花は種子をつけませんが、形態学的には雌花が変化したものです。そういう意味では、雄株の花嚢にも雌花があるといえなくはありません。

まず、雄株の花嚢に入ったメスバチ（とその子どもたち）から見てみましょう。雄株の花嚢に入ったメスバチは、虫癭花の花柱の先端から子房まで産卵管を差し込み、無事そこに卵を産むことができます（❶）。産卵を果たしたメスバチは花嚢のなかで一生を終えます。一方、卵から孵った幼虫は、肥大化している虫癭果の子房を食べて育ちます（❷）。雄株の花嚢では、イチジクコバチが蛹を経て成虫になるころ、ようやく雄花が成熟します（❸）。羽化してオスバチと交尾したメスバチは、雄花が出す花粉を体表に付着させ、オスバチたちが花嚢に開けた穴から、外の世界へと飛び出します（❹）。

では、雌株の花嚢に入ったメスバチはどうなるのでしょうか。彼女は悲惨な運命をたどることになります。彼女は産卵することができないまま、そして花嚢から脱出することもできないまま、花嚢のなかでその生を終えるのです。

雌株の花嚢に入ったメスバチに、何が起きているのでしょうか。雌株の花嚢の内部にイチジクコバチのメスが入ると、持っていた花粉で、雌花の受粉が行なわれます（❺）。こうして、雌株のイチジクは、無事に種子を稔《みの》らせることができます（❻❼）。しかし、雌株の花嚢のなかにある雌花の柱頭はどれも長いため、メスバチは産卵管を子房まで届かせることができず、卵を産むことができません。イチジクの花嚢の入口は鱗片状の組織によってほぼ閉ざされているため、一度花嚢に入ったメスバチが、入口を見つけて脱出するのは困難です。メスバチは、なすすべもなく、**雌株の花嚢のなかで死んでいく**[★98]しかありません。

人間の感覚では、雌雄異株イチジクの雌株は、なんてひどいことをしているのだと思うかもしれません。しかし、イチジクの雌株にこうした性質が進化してきたのには、もっともな理由があります。なぜならイチジクの雌株には、メスバチを外に逃がしてやるメリットや、イチジクコバチの幼虫を養うメリットがないからです。

そもそも雌雄同株イチジクや雌雄異株イチジクの雄株がイチジクコバチの幼虫を養っているのは、花嚢のなかで成虫になったイチジクコバチのメスバチに、花粉を別の株の花嚢まで届けてもらうためです。しかし、雌雄異株イチジクの雌株の花嚢には雄花がありません。つまり、別の株に届けてもらいたい花粉を持っているわけではありません。だから、イチジクの雌株には、イチジクコバチの幼虫を養うメリットがないのです。メリットがないのにコバチの幼虫を養うイチジクの雌株がいたとしたら、それは「お人好し」の雌株イチジクだといえます。しかし、そうしたお人好しの雌株イチジクは、コバチの幼虫を養う資

98 雌株の花嚢のなかで死んでいく
食用のイチジク種は、そのほとんどが雌雄異株のイチジクで、食されているのは雌株の花嚢（または果嚢）です。ということは、我々が食べている果物のイチジクのなかにはイチジクコバチの死骸が入っているのでしょうか。じつは、栽培されているイチジクの多くは、受粉しなくても花嚢が肥大して熟するように改良された品種のため、たいていの場合、雌株しか育てられていません。周囲に雄株がないのでイチジクコバチもおらず、熟した花嚢にコバチが入っているということはありません。こうした栽培イチ

源の分、自分のために使うことができる資源が減ってしまいます。したがって、コバチの幼虫を養わない「お人好しでない」雌株との競争で負けてしいます。このため、お人好しの雌株イチジクが現れたとしても、その性質は集団に広がっていくことができず、姿を消してしまうのです。

こうしたドライな関係は、イチジクとイチジクコバチに限った話ではありません。生き物と生き物の関係はえてしてこうしたもので、相利共生といえども、その関係は互いを助け合っているというよりも、互いを利用しあっている関係だと捉えるのが正解なのです。

ユッカとユッカガ（ユッカ蛾）

ユッカ（リュウゼツラン科イトラン属）は、北中米に50種ほどが自生する多年性の植物です。比較的背の低い種が多いのですが、大きいものでは高さが10メートルを超すものもあります。カリフォルニア州南東部にあるジョシュア・ツリー国立公園では、ジョシュア・ツリーと呼ばれる背の高いユッカが、独特な景観をつくり出しています。

ジクは、品種改良するときを除いて種子はつくらず、接ぎ木や挿し木で増やします。しかし、海外で主に乾燥イチジクとして売られているイチジクのなかには、花の時期が終わって果嚢のなかに種子ができた時期のものを食べるものもあります。これらの品種は、成熟するのに受粉を必要とします。したがって、コバチの死骸がなかに入っていることがあるようです。しかし、イチジクの果実にはフィシンという、タンパク質を分解する酵素が含まれているため、多くの場合、小さなコバチの死骸は溶けてしまっているのです。

◉ジョシュア・ツリー

ユッカには、庭園樹や観葉植物として栽培されている種がいくつかあるので、日本でも見かけることがあります。しかし、日本で栽培されているユッカが、結実して種子をつけることはめったにありません。

　ユッカの花は、同じ花のなかに雄しべと雌しべの両方がある両性花です。しかし、雄しべと雌しべの間は離れているため、**自動的な自家受粉**[99]はめったに起こりません。ユッカの**花粉塊**[100]は粘着質で雄しべから剥が

99 自動的な自家受粉
同株内の花粉による受粉のことを自家受粉といいます。このうち、送粉者の助けなしに自家受粉が起きることを自動的な自家受粉といいます。

100 花粉塊
ユッカの花粉は個々の花粉が、粉状ではなく塊になっています。これを花粉塊といいます。

◉ユッカ（*Yucca filamentosa*）に受粉するユッカガ（*Tegeticula yuccasella*）
［写真提供］川北篤氏

れにくいため、一般の送粉者や風によって花粉が運ばれることもありません。ではユッカの受粉がどのように行なわれるのかというと、ユッカの花に産卵のために訪れる、それぞれのユッカ種に対応するユッカガ（ユッカ蛾）のメスによってのみ行なわれるのです。日本で栽培されているユッカが種子をつけないのは、ユッカの受粉を専属で行なうユッカガが日本には生息していないからなのです。

　ユッカとユッカガの間で

どのようなことが行なわれているのかを見てみましょう。まず、ユッカガのメスがユッカの花に来る目的は産卵です。彼女はユッカの花の雌しべに産卵します。興味深いことに、産卵のためにユッカの花を訪れるユッカガのメスは、必ず別の花の花粉を持って、産卵する花にやってきます。つまり、ユッカガのメスは、産卵を行なう花にやってくる前に別の花を訪問し、そこで花粉を採取してから、産卵を行なう花にやってくるのです。ユッカガのメスの**小顎鬚**★101（しょうがくしゅ／こあごひげ）はコイル状になっていて、そこでユッカの花粉塊を集めることができるようになっています。産卵を終えたユッカガのメスは、別の花から持ってきた花粉塊を雌しべの柱頭にこすりつけて受粉を行ないます。この受粉によってユッカの花は種子を稔らせることができます。卵から孵ったユッカガの幼虫は、この受粉によって稔るユッカの種子を食べて育ちます。つまりユッカガのメスは、自分の子供たちのためにユッカの受粉を行なっているのです。

　イチジクのところでもしたような話ですが、ユッカからすると、いくら受粉してもらっても種子を食べられてしまったら意味がないように思えます。しかしほとんどの場合、ひとつの花に産みつけられる卵の数は1～数個にすぎず、ひ

101 小顎鬚
昆虫の口器を構成するパーツ（大顎、小顎、上唇、下唇、小顎髭、下唇髭）のひとつ。

とつの花から生産される種子を食べ尽くすほどではありません。このため、一部の種子は食べられることなく成熟することができます。

面白いことに、ひとつの花から生産される種子を食べ尽くすほどの産卵があると、ユッカはその花に由来する果実を、若い段階で落としてしまうそうです。こうなると、その果実のなかにいるユッカガの幼虫は生存できません。このため、ユッカガのメスは、まだ他のメスが卵を産みつけていない花や、まだ少数の卵しか産みつけられていない花を選んで産卵する傾向があるようです。

多くの卵が産みつけられた花を果実にしないで落としてしまうという、このユッカの戦略のため、ユッカガの集団に、ひとつの花に多くの卵を産む性質（いわばユッカに対する裏切りの性質）をもつユッカガが現れたとしても、そうした性質は集団に広がっていくことができません。つまり若い果実の落下は、「裏切りに対する報復」として機能していて、この特殊な送粉相利共生の維持に貢献しているのです。花と送粉者の関係が、互いに利益をもたらし合う関係というよりも、互いを利用しあう関係であることを物語るいい例だと思うのですが、いかがでしょうか。

コミカンソウ科とハナホソガ

イチジクの果嚢の成熟に小さなハチが関わっていることは、すでに紀元前4世紀、ギリシャの科学者である**アリストテレス**[★102]や**テオプラストス**[★103]らによって認識されていました。ただし当時は、この小さなハチが具体的にどのように果嚢の成熟に関わっているのかは、よくわかっていませんでした。イチジクコバチの送粉者としての働きがはっきりと記載されるのはそのずっと後、20世紀のなかごろです。一方、ユッカとユッカガの関係は、19世紀の後半に学術的に記載されています。20世紀の後半、これら2つの絶対送粉共生系に関する研究は送粉生態学の世界を大いににぎわせました。しかし、これら以外の絶対送粉共生系の存在は知られていませんでした。

そのようななか、**コミカンソウ科とハナホソガ**[★104]（ホソガ科ハナホソガ属）の関係は、第3の絶対送粉共生の系として、2003年に京都大学の加藤真さんたちによって報告されました。当時の私は北海道大学で**ポスドク**[★105]をしていましたが、この大発見に興奮したことを今でも覚えています。

コミカンソウ科とハナホソガの絶対送粉共生とはどのようなものなのか見て

102 アリストテレス
BC384~322。プラトンの弟子。ソクラテス、プラトンとともに3大哲学者の一人とされています。特に動物学に造詣が深く、彼が記載した動物の行動は、現在でもしばしば論文に引用されています。ハナバチの「定花性」（第4章参照）に関する記載も、最も古いものはアリストテレスによるものとされています。

103 テオプラストス
BC371~287。アリストテレスの友人。植物学に造詣が深く植物学の祖ともいわれています。

みましょう。まず、この絶対送粉共生系でも、送粉者（ハナホソガ）の訪花の目的は花への産卵です。ハナホソガの幼虫は、★106**それぞれのハナホソガ種に特定のコミカンソウ科植物種**の果実にできる種子を食べて育ちます。

　コミカンソウ科のなかで、ハナホソガと絶対送粉共生を結んでいる種は、知られている限りはどれも★107**雌雄同株**で、雄花と雌花の区別があります。このうち、ハナホソガのメスが産卵するのは、種子ができる雌花です。しかし、産卵のために雌花を訪れるハナホソガのメスは、★108**雄花で花粉を集めて**から雌花を訪れます。雌花にやってきたハナホソガのメスは、雄花で集めた花粉を使って受粉を行ない、その後に、雌しべに産卵管を突き刺して産卵するのです。この一連の行動は、ユッカガのメスがとる行動と似ています。ただし、ユッカガが産卵の後に受粉を行なうのに対し、ハナホソガの場合は受粉をしてから産卵を行ないます。この順序に適応的意味があるのかはわかりません。ただ単に、それぞれの祖先が獲得した性質をそのまま受け継いでいるだけかもしれません。

　ハナホソガのメスは、コミカンソウ科の雄花と雌花をきちんと区別したうえで、このような行動をしているのでしょうか。岡本朋子さん（岐阜大学）たちが行なった研究によれば、コミカンソウ科のなかでハナホソガによって受粉される

104 コミカンソウ科とハナホソガ
コミカンソウ科は熱帯と亜熱帯を中心に分布する植物のグループです。日本でも本州中部以南に、カンコノキ（カンコノキ属）やコミカンソウ（コミカンソウ属）など、いくつかの種が生育しています。加藤さんたちの2003年の報告は、コミカンソウ科のカンコノキ属5種だけを対象にしたものでしたが、その後、加藤真さん（京都大学）や川北篤さん（東京大学）たちの研究によって、コミカンソウ科のカンコノキ属、コミカンソウ属、オオシマカンコノキ属の多くの植物種が、ハナホソガと同様の関係をもっ

◉ウラジロカンコノキの雌花に受粉するウラジロカンコハナホソガ
［写真提供］川北篤氏

種は、雄花と雌花の匂いが違うとのことです。一方、同じコミカンソウ科であっても、一般的な送粉者によって送粉される種では、花の匂いに雌雄差がないそうです。岡本さんたちはさらに、まだ花粉を集めていないハナホソガのメスは、雄花の匂いのほうへ向かう性質があることを実験的に確認しています。

　どうやらハナホソガのメスは、雄花と雌花

ていることが報告されました。コミカンソウ科植物とハナホソガのすべての種がこの絶対送粉共生系に含まれているわけではありません。ですがこの章では、コミカンソウ科とハナホソガといえば、絶対送粉共生のメンバーであるコミカンソウ科とハナホソガのことを指すことにします。

105 ポスドク　ポストドクターの略。博士号（ドクター）を取得した後、非正規職員として研究活動をしている、任期付きの研究者のことです。

106 それぞれのハナホソガ種に特定のコミカン

を区別したうえで「雄花→雌花」の順に花を訪れているようです。単性花（雄花と雌花）を咲かせる植物種の場合、雄花と雌花に同じ送粉者に来てもらう必要があります。このため、[★109]**花の色や匂いは雄花と雌花で似ている**のが一般的です。しかし、コミカンソウ科の場合、雄花と雌花の匂いを異なるものにすることで、雄花から雌花への花粉の輸送をより確実にしているのです。これは、「雄花→雌花」の順に花を訪れることに関して、植物（コミカンソウ科）と送粉者（ハナホソガ）の利害が一致しているからこそ起きた進化だといえます。

さて、コミカンソウ科とハナホソガの関係においても、送粉者への報酬は種子そのものです。植物からすれば、受粉してもらっても種子を食べられてしまったら無駄骨を折るだけのように思えます。しかし、ユッカで報告されているのと同様、コミカンソウ科でも、ひとつの花に多くの卵が産みつけられると、その花に由来する果実を若い段階で落としてしまうことが確認されています。このためハナホソガのメスは、基本的にひとつの花には1～数個の卵しか産みません。また、すでに他の個体が産卵した花を避けて産卵する傾向も報告されています。したがって、植物はちゃんと種子を残すことができます。ユッカとコミカンソウ科で、同じように「裏切りに対する報復」のメカニズムが独立に進

ソウ科植物種
この絶対送粉共生系でも、植物種と送粉者種は、基本的に1対1です。しかし、1種類のコミカンソウ科を2種の送粉者（ハナホソガ）が利用している例や、1種類のハナホソガが異所的に2種以上のコミカンソウ科を利用しているケースも報告されています。イチジクとイチジクコバチのところでも書きましたが、絶対送粉共生系では、1対1の関係が崩れては再構築されるということが繰り返されているのかもしれません。

107 雌雄同株
単性花（雄花や雌花）を

化してきたのは、偶然ではない見事な一致（収斂進化）だといえるでしょう。

サトイモ科植物とタロイモショウジョウバエ

絶対送粉共生系に準ずる系として、高野宏平さん（長野県環境保全研究所）と戸田正憲さん（北海道大学）の研究によって解明された、一部のサトイモ科植物（クワズイモ属、サトイモ属）とタロイモショウジョウバエ属のハエとの関係も簡単に紹介します。

サトイモ科植物の花序は、多肉質の軸に花が密集した形状（肉穂《にくすい》花序）をしており、仏炎苞と呼ばれる大きな葉（苞葉《ほうよう》）が、それを取り囲んでいます。タロイモショウジョウバエとサトイモ科植物の系では、ハエは宿主となる植物の花序に卵を産み、幼虫は腐りつつある花序の軸や、仏炎苞のなかに貯まった花序（果序）からの浸出液を餌にして育ちます。タロイモショウジョウバエの★110**宿主特異性**（しゅくしゅとくいせい）は比較的高いため、交尾と産卵を繰り返しながら花序間を移動するハエは、宿主である植物種の忠実な送粉者として機能しているようです。ただしこの系における植物とハエの関係は非常に複雑で、1種類の植

もつ植物のうち、雌花と雄花とが同一の個体につく植物のこと。

108 雄花で花粉を集める
ハナホソガのメスの口器も、ユッカガのメスのそれと同様、花粉を集めるのに適した構造をしています。

109 花の色や匂いは雄花と雌花で似ている
ただし、花の大きさや数が雄花と雌花で異なることは珍しくありません（雄花のほうが大きい、または花数が多い場合が多い）。これは、花の色や匂いが送粉者の種類に影響する一方で、花数や花の大きさが送粉者の数に影

物種を1種類のハエのみが利用している、いわば絶対送粉共生といえるような関係から、1種類の植物種を複数種のハエが利用している関係、数種類のハエが数種類の植物種を利用している関係まで、さまざまなパターンが見つかっています。

タロイモショウジョウバエ属のハエは、一部のモクレン科やヤシ科の植物種の花序も特異的に利用することが報告されています。これらの植物でも、詳しく調べればサトイモ科で見られたのと同様な関係が見つかるかもしれません。

おまけ

どのようにして、絶対送粉共生系という、互いに特定の1種（または数種）のパートナーだけを利用しあう関係が築かれたのでしょうか。はっきりしたことはわかりませんが、これには、絶対送粉共生系の送粉者（の幼虫）が種子や子房を餌にしていることと関係しているのかもしれません。

一般に、植物を食べる食害昆虫には、特定の植物種か、特定の分類群に属する植物種ばかりを利用する傾向があります。例えばアゲハチョウのなかでも、ナ

響する性質だからだと考えられます。雄花と雌花に同じ種類の送粉者が来てほしいのは間違いありません。しかし、雄花と雌花の間で、利益を最大にする花数や、そもそも花に投資できる資源の量が同じとは限らないのです。

110 宿主特異性
寄生生物が決まった宿主種だけを利用する性質のこと。寄主特異性《きしゅとくいせい》ともいいます。寄生生物が寄生する生物のことを宿主（または寄主）といいますが、植食性の昆虫が利用する植物種のことも宿主（寄主）といいます。これは、植食性の昆虫が、長い期間を1個体の植物

ミアゲハの幼虫はミカン科の植物だけを食べますが、キアゲハの幼虫はセリ科の植物だけを食べます。このような「宿主特異性」は、植物の含む栄養成分や、食害を妨げる防衛機構として生産される毒物質や忌避《きひ》成分が、植物種によって異なることと関係しています。詳しい説明は省きますが、植食者の宿主特異性は、食害を妨げる植物の被食防衛機構と、それを乗り越えようとする植食者の、**軍拡競争的な共進化**★111によってもたらされてきたと考えられています。絶対送粉共生系で特定のパートナーだけを利用しあう関係が見られるのは、彼らの関係が、軍拡競争的な共進化を伴う、対抗的な種間関係（植物と食害昆虫の関係）から生じたことに起因しているのかもしれません。

とはいえ、植食性昆虫の宿主特異性には、1種類の植物種しか利用しないような顕著なものから、数種類の科にまたがる比較的多くの植物種を利用するものまで幅があります。したがって、絶対送粉共生系の送粉者が顕著な宿主特異性をもっているのは、植物と種子食害者という対抗的な種間関係によって生じた宿主特異性を、より顕著なものへと進化させたなんらかの**自然選択**★112が、植物と送粉者のどちらか、または両方に作用してきたからと考えるのが妥当です。例えば、植物側にとっては、スペシャリスト訪花者に受粉を依存することが同種

だけを利用して過ごすため、生態学的には植物個体の寄生者と見なすことができるためです。

111 軍拡競争的な共進化
競争関係にある複数の生物種間や、捕食者と被食者、寄生者と宿主のような対抗的な種間関係において、対抗的な適応形質が競うように進化していく現象をいいます。他国よりも軍事面で優位に立とうとするために、それぞれの国が際限なく軍備を拡張していく軍備拡張競争に似ているため、こう呼ばれています。

112 自然選択
遺伝子に生じた突然変異

間の送粉を促進するうえで有効だった可能性があります。送粉者側からすれば、自身が訪れた花に別の種の花粉をつけても意味がないので、1種類の植物種だけを利用することで間違いが起きないようにしているとも考えられます。もしかしたら、裏切りに対する報復のメカニズムや、種子食害者間の競争も、1対1の関係をつくり出すのに貢献してきたのかもしれません。このような植物と送粉者の利害の一致や不一致、そして駆引きが、もともとは軍拡競争によってもたらされた宿主特異的な種間関係を、絶対送粉共生という、極めて洗練された種間関係へと進化させてきたのかもしれないのです。

によって、集団内の個体間に変異（個性）が生じ、その変異に応じて残せる子孫の数に差が生じた場合、より多くの子孫を残せる変異を個体にもたらす遺伝子がその生物集団に広がります。この過程を自然選択といいます。突然変異と自然選択の繰り返しによって、生物に適応的な形質が進化してきたという考えを「自然選択説」といいます。19世紀の偉大な生物学者、チャールズ・ダーウィンによって提唱されました。生物のさまざまな適応的な性質は、自然選択による進化によってのみ説明可能と考えられています。

第4章

訪花者による花の選択

植物の多様性を支える行動

山や野原を歩いていると、さまざまな種類の花に出合います。しかし訪花者たちはそれらの花を無作為（でたらめ）に訪れているわけではありません。例えば、**ミゾソバ**★113と**ツリフネソウ**★114の花が隣り合って咲いているところでは、ヒラタアブがミゾソバの花ばかりを訪れている傍らで、トラマルハナバチがツリフネソウの花ばかりを精力的に訪れているのを見かけることがあります。一方、ツリフネソウと**キツリフネ**★115の花が混ざって咲いているところでは、どちらの花にもトラマルハナバチが訪れているものの、よく観察してみると、あるトラマルハナバチの個体がツリフネソウの花ばかりを連続して訪れているのに、その傍らで、別のトラマルハナバチの個体はキツリフネの花ばかりを訪れていることに気がつくことがあります。このように訪花者たちには、種や個体ごとに（または同じ個体でもその時々で）、異なる種類の花を選択的に訪れる傾向があります。

この本では★116、訪花者による選択的な訪花傾向のうち、種ごとの性質を「選好性」、個体ごとの性質を「定花性」と呼びたいと思います。今の例でいえば、トラマルハナバチとヒラタアブは花の種類に対する選好性が異なっており、ツリフネソウとキツリフネの混合群落のなかで採餌しているトラマルハナバチの各個体には定花性が存在している、ということになります（**図4・1**）。

113ミゾソバ
タデ科タデ属の一年草。湿ったところを好んで生育しています。

114ツリフネソウ
ツリフネソウ科ツリフネソウ属の一年草。湿ったところに生育し、特徴的な袋状の形をした、紅紫色の花を咲かせます。

115キツリフネ
ツリフネソウ科ツリフネソウ属の一年草。しばしばツリフネソウと混生しています。ツリフネソウによく似た形の、黄色い花を咲かせます。

116この本では
と書いたのは、じつは研究者の間でも、このあた

◉ミゾソバ

◉ツリフネソウ

◉キツリフネ

第1章では、送粉者たちの選択的な訪花傾向（選好性と定花性）こそが、多くの植物種が受粉を動物に依存するようになった理由と考えられている、という話をしました。選好性と定花性は、どちらも同種植物間の送粉を促進し、異種植物間の送粉を軽減します。このことが同所的に生育する植物種の共存を容易にし、植物の多様性をもたらしたと考える研究者は少なくありません。

では、そもそもなぜ訪花者には、選好性や定花性という性質があるのでしょうか。この章では、訪花者のこのような選択的な訪花パターンが、どのような理由で生じるのかについて考えてみましょう。

選好性

はじめに選好性の話をします。送粉シンドローム（第2章）という現象が見られることからもわかるように、訪花性の動物には、種や分類群ごとに、異なる種類の花を選択的に訪れる性質、つまり選好性があります。選好性はどのように生じるのでしょうか。

りの用語の統一が明確にされていないからです。

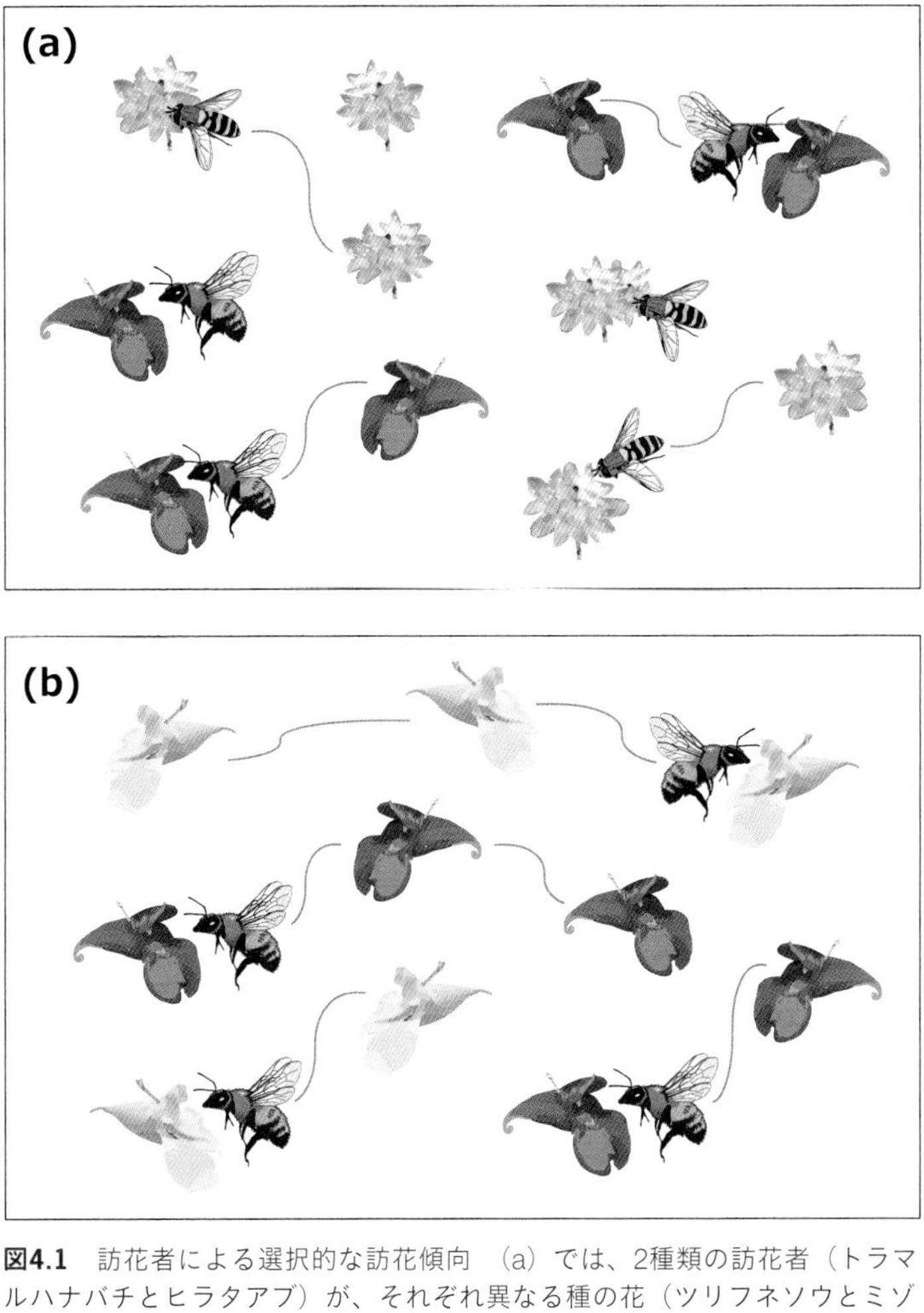

図4.1　訪花者による選択的な訪花傾向　(a) では、2種類の訪花者（トラマルハナバチとヒラタアブ）が、それぞれ異なる種の花（ツリフネソウとミゾソバ）を利用しています。このような、訪花者種間の花の好みの違いを「選好性」といいます。一方 (b) では、1種類の訪花者（トラマルハナバチ）が2種の花（ツリフネソウとキツリフネ）を利用していますが、それぞれの個体は、同じ種類の花を連続して訪花しています。このような性質を定花性といいます。選好性も定花性も、同種植物内の送粉を促進し、異種植物間の送粉を軽減します。トラマルハナバチとヒラタアブの絵は、私の研究室の修了生である中村友香さんが描いてくれました。

色や匂いに対する認知能力や嗜好性の違い

多くの訪花者は、**視覚と嗅覚を頼りに花を訪れます**。[117] しかし、視覚が発達していて主に視覚で花を見つける訪花者（ハナアブ、ハナバチ、蝶、鳥など、昼行性の訪花者に多い）から、嗅覚が発達していて主に匂いで花を見つける訪花者（蛾や甲虫など、夜行性か薄明薄暮性の訪花者に多い）まで、視覚と嗅覚への依存度は訪花者によって大きく異なっています。そして当然のことながら、視覚への依存度が高い訪花者たちは視覚的に目立つ花を訪れ、嗅覚への依存度が高い訪花者たちは、視覚への依存度が高い訪花者たちに比べて**匂いのある花をより多く訪れる傾向**があります。[118] このように、視覚と嗅覚への依存度が異なる訪花者の間では、花に対する選好性に違いが生じます。

視覚への依存度が高い訪花者のなかで見てみると、ハナアブなど昼行性のハエ目訪花者の多くは、他の昼行性の訪花者に比べ、白や黄色系の花を訪花する傾向があります。これは、ハエ目訪花者の多くは色を識別する能力が低いため、白や黄色が他の色よりも見つけやすいためだと思われます。白黒の世界で花を探すことを想像してみてください。色彩に乏しい世界では、白や黄色のように

117 視覚と嗅覚を頼りにして花を訪れる
ただし第2章で紹介したヘラコウモリ科の訪花性コウモリのように、聴覚（超音波）を頼りに花を訪れるものもいます。また、マルハナバチを用いた実験からは、静電気によって生じる電位差も訪花の手がかりとして利用している可能性が示唆されています。

118 匂いのする花を訪花する傾向
嗅覚が発達している訪花者には、夕方から明け方にかけての（薄）暗い時間帯や、薄暗い林床で活動するものが多いのですが、そうした訪花者は、夕方から明け方に開花する花

明るい（明度が高い）色のほうが、青や赤よりも目立つというわけです。これに対し、鳥類や一部の蝶類訪花者は、他の訪花者グループに比べ、赤色系の花をより多く訪れる傾向があります。また、マルハナバチなど、ハナバチのいくつかの種では、先天的に青色系の花を好む傾向が報告されています。

鳥類や蝶類が赤い花を利用できるのは、他の多くの訪花者が受容できない620～700ナノメートルの波長の光（赤色光）を彼らが感知することができるからです。ですが、鳥や蝶が赤色系の花を好み、ハナバチが青色系の花を好むのは、彼らが他の色よりも赤や青を見つけやすいからというよりは、赤や青を好むことが、報酬の多い花を選ぶうえで有利だからなのかもしれません。というのも、いくつかの例外に目をつぶれば、赤色系や青色系の花は、白や黄色系の花よりも、花蜜などの報酬が多い傾向があるからです。

なぜ赤色系や青色系の花には報酬が多い傾向があるのでしょうか。これは、色を識別する能力が低い訪花者たち（ハエ類や甲虫類）には、赤や青が、白や黄色よりも見つけにくいことと関係しているのだと思われます。たくさんの報酬を提供することでハナバチや蝶、鳥を誘引する花にとって、ハエ類や甲虫類の訪花は望ましくありません。このため、ハエ類や甲虫類にとって見つけにくい青

や、林床で開花する花を訪れる傾向があります。そのような意味では、訪花者の活動時間や活動場所も、彼らが利用する花の種類に影響しているといえます。

や赤が、そうした植物の花の色として進化してきたのかもしれないのです。

一方、嗅覚への依存度が高い訪花者にも、匂いに対する感受性や嗜好性《しこうせい》には差があるため、これも選好性の違いを生み出す原因になっています。例えば、花蜜を求めて花を訪れる蛾の仲間には甘い香りを好む傾向がありますが、夜行性（または薄明薄暮性）のハエ目訪花者の多くは、腐肉臭やキノコ臭に誘われて花を訪れます（第2章）。このため、彼らが訪れる花の種類はまったく違うものになります。

ちなみに、絶対送粉共生系の植物種をはじめ、スペシャリスト送粉者（特定の種類の花への選好性が非常に強い訪花者）とパートナーシップを結んでいる植物種の多くは、植物種ごとに固有の匂いを出して、パートナーたる送粉者を誘引しています。これは、**色に比べて、匂いの種類がずっと多い**[★119]からです。たくさんの種類の花のなかから、特定の1種類を選び出してもらううえで、匂いは非常に適した刺激といえます。

このように、色や匂いに対する認知能力、および嗜好性《しこうせい》の違いは、訪花動物種ごとの選好性の違いをもたらす、重要な要因となっているのです。

119 色に比べて、匂いの種類がずっと多い
これは、「色」が波長の異なる光をたった数種類（ヒトであれば3種類）の光受容体で感知することで識別されている刺激なのに対して、「匂い」は非常に多様な匂い物質を、数百種類（動物種によっては数千種類）の嗅覚受容体で感知している刺激だからです。

口吻長の違いと種間競争

花の形態はじつにさまざまです。花蜜のような一般的な報酬を提供する花だけに限っても、皿や碗のような単純な形をした花（皿状花や碗状花）もあれば、複雑な構造で花蜜が**花筒や距**★120の奥に隠れている花もあります。一方、花蜜を採餌する訪花者たちの口器の形状も多様です。ブラシ状の短い口吻で花蜜を舐めるものもいれば、ストロー状や針状の細長い口吻で花蜜を吸うものもいます。

そうしたなか、花蜜を採餌する訪花者たちには、それぞれがもつ口器の形状と相性のいい形態の花を訪れる傾向があります。とりわけ、口吻が短い訪花者には、単純な形状で花蜜が露出している花（または花筒が短い花）を訪れる傾向が、口吻が長い訪花者には花筒の長い花を訪れる傾向が見られます。例えば、ハエ目訪花者の多くは短い口吻をもち、花蜜が露出している花ばかりを訪れる傾向があります。一方ハナバチの仲間は、概してハエ目の訪花者よりも長い口吻をもち、花筒がある花を訪れる傾向があります。ハナバチのなかでも種によって口吻の長さは異なり、口吻が短い種は花筒の短い花を利用し、口吻が長い種は花筒の長い花を利用する傾向が見られます。チョウ目訪花者の多くはハナバチ

120 花筒や距
一般的には、花の基部にある、花弁や萼《がく》によってつくられた細長い筒状の構造のことを「花筒」、花弁や萼の一部が細長く伸びた管状の構造のことを「距」といいます。多くの場合、どちらもその奥に花蜜をためています。訪花者に対する機能は基本的に同じなので、この本では特に断らない限り、花筒と距の両方をまとめて花筒と呼びます。

よりも長い口吻をもっていて、やはり花蜜が花筒の奥に隠れている花を利用する傾向があります。

口吻の短い訪花者（短舌種）が、花蜜が露出している花や、花筒が短い花ばかりを利用するのは、彼らの口吻では長い花筒の奥に届かず、その奥に隠れている花蜜を吸うことができないからです。一方、口吻の長い訪花者（長舌種）が花筒の長い花ばかりを訪れるのは、[★121]**花筒の長い花のほうが花筒の短い花よりも花蜜が豊富**なことが多いためと、花筒の短い花では長すぎる口吻を持て余すため、採餌の効率が下がってしまうためだといわれています。

しかし、口吻長に対応した選好性はそれだけで決まるわけではなく、訪花者の種間競争によってより顕著になっているという側面もあるようです。そのことを示した研究を2つ紹介します。

はじめに紹介するのは、日系アメリカ人のデイビッド・イノウエさんが1978年に発表した研究です。彼が研究を行なったコロラド州ロッキー山脈の麓にある草原では、長舌種のマルハナバチ（*Bombus appositus*）が花筒の長いオオヒエンソウ（*Delphinium barbeyizi*）を利用し、中舌種のマルハナバチ（*B. flavifrons*）が、花筒の長さが中程度のトリカブト（*Aconitum columbianum*）を利用していました。つま

121 花筒の長い花のほうが花蜜が豊富

学習能力と飛行能力に長けた訪花者（ハナバチや鳥など）は、報酬の多い花を見つけると、同じ種類の花を探して飛び回ります。このことによって同種植物間の送粉が促進されます。しかし植物からすれば、せっかく報酬の多い花を用意しても、それがどのような訪花者でも簡単に採餌できる構造の花だったら、あっという間に報酬がなくなり、高い報酬量を維持しつづけることができなくなってしまいます。そのため、多くの花蜜を出す花ほど、雑多な訪花者たちによる採餌を制限するために、長い花筒をもつ

り、長舌種が長花筒の花を、中舌種が中花筒の花を利用していたわけです。しかし、実験的に長舌種マルハナバチを取り除くと、残った中舌種マルハナバチがオオヒエンソウとトリカブトの両方の花を利用するようになり、中舌種マルハナバチを取り除くと、残った長舌種マルハナバチがやはり両方の花を利用するようになったのです。この結果は、それぞれのマルハナバチ種が利用する花を使い分けていたのは（つまり両種の選好性に違いが見られたのは）、それぞれのマルハナバチ種が花蜜を巡って競争した結果であった、ということを示しています。つまり、長舌種マルハナバチが長花筒のオオヒエンソウばかりを利用していたのは、中舌種マルハナバチが中花筒のトリカブトの花蜜を優占的に消費していたからで、中舌種マルハナバチが中花筒のトリカブトばかりを利用していたのは、長舌種マルハナバチが長花筒のオオヒエンソウの花蜜を優占的に消費していたからだった、ということなのです。

次に紹介するのは、私が北海道で行なった研究[★123]です。北海道では現在、**セイヨウオオマルハナバチ**[★122]という外来の**短舌種マルハナバチ**が侵入[★124]して勢力を拡大しています。そしておそらくそのために、地域によっては**エゾトラマルハナバチ**という在来の**長舌種マルハナバチが大幅に減って**しまいました。そこで私は、

よう進化してきたのだと思われます。逆に花筒が短い花は、少ない報酬で雑多な訪花者を受け入れる戦略を採用しているのでしょう。

122 セイヨウオオマルハナバチ　ヨーロッパとその周辺が原産のマルハナバチ。農作物の受粉のために、1990年代の前半に日本に持ち込まれました。主に北海道で定着し、在来のマルハナバチ種と、巣場所や花資源を巡って競合しています。

123 短舌種マルハナバチ　マルハナバチはハナバチ類のなかでも比較的長い

エゾトラマルハナバチがまだ多く残っている地域と、エゾトラマルハナバチがほとんどいなくなってしまった地域の、アカツメクサ（長花筒花）とシロツメクサ（短花筒花）が混ざって咲いているお花畑で、マルハナバチたちがどちらの花をどれだけ訪れているのかを観察してみました。

　すると、エゾトラマルハナバチがまだ多く残っている地域では、長舌種のエゾトラマルハナバチはアカツメクサばかりを訪花し、**中舌種や短舌種のマルハナバチたち**[★125]はシロツメクサばかりを訪花していました。しかし、エゾトラマルハナバチがいなくなってしまった地域では、中舌種や短舌種のマルハナバチたちがアカツメクサを高頻度で訪花していたのです。

　短舌種のマルハナバチたちは、どうやってアカツメクサの長い花筒から花蜜を吸っていたのでしょうか。じつは彼らの一部（エゾオオマルハナバチとセイヨウオオマルハナバチの一部）は長い花筒の横を顎で噛むことで穴を開け、そこから花蜜を吸っていました。そして残り（エゾオオマルハナバチとセイヨウオオマルハナバチの一部、およびアカマルハナバチ）は、他の個体が花筒に開けた穴を利用して花蜜を吸っていたのです。このような吸蜜方法のことを「**盗蜜**[★126]」といいます。この観察結果も、マルハナバチが種ごとに異なる種類の花を利用していたのが、

口吻をもつグループです。このため短舌種マルハナバチとはいっても、訪花昆虫種全体で見れば比較的長い口吻をもっています。マルハナバチの口吻の長さは種によってかなり異なり、短いものでは5ミリメートル程度、長いものでは15ミリメートル以上になります。

124 エゾトラマルハナバチの減少
巣場所を巡る競争で、セイヨウオオマルハナバチに負けてしまったためではないかと考えています。

125 中舌種や短舌種のマルハナバチたち
在来のニセハイイロマルハナバチ（中舌種）、アカ

彼らの口吻長が異なっていたことに加え、彼らが花蜜を巡って競争した結果であることを示しています。

このように、花資源を巡る競争は、性質（特に口吻の長さ）が異なる訪花者種間の、利用する植物種の使い分けを促進します。こうして、潜在的にはさまざまな植物種の花を利用できるジェネラリスト訪花者種たちの間にも、選好性に大きな違いが生じることになるのです。

花を訪れる目的の違い

多くの訪花者は、花蜜や花粉という一般的な花の報酬を求めて花を訪れます。しかし、それ以外の目的で花を訪れる訪花者も少なくありません。そうした訪花者たちは、花蜜や花粉を求めて花を訪れる訪花者とは異なる種類の花へ選好性を示します。例えば、芳香物質を集めるためにランの花を訪れるシタバチのオス（第2章）、クサレダマの花から花油《かゆ》を採餌するクサレダマバチの仲間（2章）、産卵基質の匂いに騙されて花を訪れるキノコバエの仲間（第2章）、サトイモ科植物の肉穂《にくすい》花序に産卵するタロイモショウジョウバエの仲間（第3章）、子

マルハナバチ（短舌種）、エゾオオマルハナバチ（短舌種）と、外来のセイヨウオオマルハナバチ（短舌種）のこと。

126 盗蜜
盗蜜については次章（第5章）で詳しく取り上げます。

房に産卵する絶対送粉共生系の送粉者たち（第3章）などです。これらは皆、特定の植物種の花に顕著な選好性を見せるスペシャリスト訪花者です。このように、訪花動物種ごとの選好性の一部は、花を訪れる目的の違いによっても説明できます。

定花性

ある訪花者種の集団が、混ざり合って咲いている2種類の花を利用している状況を思い浮かべてみてください。便宜的にこの2種類の花を、○と●で表すことにします。このとき、○ばかりを訪花している個体がいる傍らで、○を素通りして●ばかりを訪花している同種の別個体が観察されることがあります（同じ訪花者種でありながら、○○○○○○○という順序で花を訪れる個体と、●●●●●●●●という順序で花を訪れる個体が、同じ場所で同時に観察されるということです）。また、●を連続で訪花していた個体が、急に○を連続して訪花するようになるのが観察されることもあります。そうした個体は、しばらくするとまた●を連続して訪花し、そして再び○を連続して訪花するようになるのが観察されます

（●●●●●○○○○●●●●●○○○○というような訪花順序が観察されるということです）。

このように訪花者には、種（または同種集団）としての選好性に加え、個体ごとに、または同じ個体であってもその時々で、1種類の花に専念して訪れる性質が見られることがあります。このような性質を定花性といいます。この本では、同種であっても個体ごとに異なる種類の花を利用していた場合を「個体差による定花性」と呼び、同じ個体が複数種類の花を利用しつつも、短い時間のなかでは特定の種類の花を専念して訪れていた場合を「個体内の定花性」と呼ぶことにします。

先にも書いたように、定花性は植物にとって都合のいい性質です。選好性と同様、同種植物間の送粉を促進し、異種植物間の送粉を軽減するからです。しかし訪花者にとっては、利用価値のある花の近くを素通りしてまで、同じ種類の花を連続して訪れることは一見、非合理的な行動に思えます。にもかかわらず、**少なくとも一部**[★127]の訪花者種に定花性という性質が見られるのはなぜなのでしょうか。ここでは、定花性を生み出す原因として提唱されている有力な仮説を、いくつか紹介します。

127 少なくとも一部　じつは、定花性の研究のほとんどは、ミツバチやマルハナバチなど、真社会性ハナバチ（第2章）の仲間で行なわれてきました。真社会性ハナバチを除くと、定花性は、単独性のハナバチ類、蝶類、そしてハナアブ類の、それぞれほんの一部の種からしか報告されていません。コウチュウ目では、一部の種で、胃の内容物（花粉）から定花性があることが示唆されているにすぎません。定花性を確認するためには、基本的には同じ個体を追跡調査する必要があるのですが、これが多くの場合、簡単ではありません。つまり、定花性という性質

採餌技術習得のコスト仮説と情報収集のコスト仮説

まず、「個体差による定花性」が生じるのは、単に、それぞれの個体が異なる経験をしてきたからかもしれません。つまり、同種の集団のなかに、◯ばかりを連続で訪花している個体と、●ばかりを連続で訪花している個体がいるのは、ある個体が初めに覚えた利用価値のある花がたまたま◯で、別の個体が初めに覚えた利用価値のある花がたまたま●だったからなのかもしれません。

ただしこの考えを受け入れるには、「なぜそれぞれの個体が初めに覚えた花に固執しつづけるのか」を説明する必要があります。というのも、もし◯で採餌するほうが●で採餌するよりも効率がいい（◯のほうが報酬が多い、または採餌方法が簡単）のであれば、●ばかりを訪花している個体は損をしていることになるからです。そのような可能性があるなら、●を覚えた個体も◯を試してから、自分が訪花する花の種類を決めればいいいように思えます（実際、そのようなことをしている訪花者もいます）。そもそも、◯と●の両方に利用価値があるなら、両方の花を利用したほうが、採餌の効率はよくなるような気もします。なぜなら、利用価値のある花のそばを素通りしてまで同じ種類の花に固執することは、無

が、多くの分類群の訪花者に一般的な性質なのかは、まだよくわかっていないのです。

駄に長い距離を飛び回ることに繋がるからです。初めに覚えた1種類の花だけに固執しつづけるのは、目の前にあるさまざまな可能性を、はじめから捨てているようなものではないでしょうか。

この問いに対する回答として、「花の採餌技術を新たに習得するには手間（コスト）がかかるから」というものがあります。花の形は植物の種類によってさまざまなため、訪花者がスムーズに吸蜜したり花粉を採取したりするには、それぞれの花に特化した**採餌技術の習得**★128が必要です。そして、こうした技術の習得にはそれなりの時間がかかります。このため、すでに採餌技術の習得を終えて利用している花があるなら、追加で別の花の採餌技術を学習するのは、総合的にみると損になることがあります。昆虫の寿命は短く、また、咲いている花の種類は季節とともに移り変わります。このため、時間をかけてまでさまざまな花の採餌技術を習得したとしても、元が取れるまで生きていられるとは限らないし、採餌技術を習得した花が咲きつづけているとは限らないのです。これが、初めに覚えた花に固執しつづける理由なのではないか、というわけです。こうした考えのことを「採餌技術習得のコスト仮説（learning investment hypothesis）」と呼びます。

128 採餌技術の習得
私の研究室では、ビニールハウスのなかに発泡スチロールやプラスチックでつくった花（人工花）を置いて、そこにマルハナバチを飛ばして観察する、という実験を行なっています。そこでは、どのような形の人工花を用いても、はじめは花の上でもたもたと採餌をしていたマルハナバチが、経験を積むにつれて次第に素早く採餌できるようになっていくのを観察できます。花からスムーズに採餌をするためには、花の構造が比較的単純な場合でも、ある程度の学習が必要なのでしょう。花の構造が複雑ならなおさらです。

◉人工花を訪れるクロマルハナバチ（富山大学の研究室にて）

初めに覚えた花に固執しつづけるのはなぜか、という問いに対する別の回答としては、「複数種の花の価値を査定するのに手間がかかるから」というものもあります。自然のなかで咲いている★129**花の報酬量にはバラ**

129 花の報酬量はバラツキが大きい
平均的に報酬を多く提供する種類の花でも、訪花者が採餌した直後には、残っている報酬の量は少なくなります。このように、花に残っている報酬の量は偶然によって決まる部分も大きく、バラツキが非常に大きいのです。

ツキが大きく、同じ種類の花を2、3個採餌したくらいでは、その種の花の報酬量が平均してどのくらいなのかを把握することはできません。つまり、種類ごとの花の価値を正確に査定するのは骨が折れる作業だといえます。このため、利用価値のある花を1種類でも見つけているのなら、手間をかけてまで他にも利用価値がある花がないかを調べることが、その個体の収益を増やすとは限らないのではないか、というわけです。このような考えのことを「情報収集のコスト仮説（costly information hypothesis）」と呼びます。

「採餌技術習得のコスト仮説」にしても「情報収集のコスト仮説」にしても、それなりに価値のある種類の花を見つけたのであれば、それ以上の欲を出さずに、その花で満足したほうがかえって損をしないですむことがある、という考えに基づいています。実際、ミツバチを使った実験では、初めに覚えた花の報酬量が多いときほど、なかなか他の花を試そうとしないという傾向が報告されています。これは、これらの仮説を支持しているように見えます。[★130]「**足るを知る者は富む**」は、案外、訪花者たちにとっていくらかの真実を含んでいる言葉なのかもしれません。

130 足るを知る者は富む
「足るを知る者は富む（知足者富）」は、老子が残した言葉とされています。身分相応に満足することを知る者は、心が富んで豊かになる、という意味に解釈されています。「足るを知る」といえば、京都・龍安寺の「吾唯足知（吾《わ》れ唯《た》だ足るを知る）」の文字が刻まれたつくばい（石製の手水《ちょうず》鉢《ばち》）が有名です。足るを知らずに蛇足を知る著者からの蛇足でした。

採餌技術記憶の干渉仮説

突然ですが、ある玩具《おもちゃ》をつくるのに、いくつかの工程（例えば工程A、B、C）が必要な状況を思い浮かべてください。材料を渡されて、その玩具を20個つくりなさいと言われたら、あなたならどうするでしょうか。このとき、工程A→工程B→工程Cという作業を20回繰り返すこともできますが、じつは、工程Aを20回→工程Bを20回→工程Cを20回、というように行なうほうが効率的です。これは、同じ工程をまとめて行なうことで、それぞれの工程でどんな作業が必要だったのかを、いちいち思い出す手間が省けるからだといわれています。

人に限らず、意識や行動に直結する記憶領域である「**短期記憶**」★131の容量は小さいため、ある情報を短期記憶に格納すると、それまで短期記憶に格納されていた情報は、短期記憶から失われやすくなります。これを短期記憶の干渉（厳密には、短期記憶の抑制的な干渉）といいます。あることを意識すると、それまで意識していたことを（一時的にせよ）忘れてしまうのはこのためです。皆さんにも心当たりがあるのではないでしょうか。

訪花者の場合も、もし2種類の花（○と●）の採餌技術を習得済みだったと

131 短期記憶
動物の記憶はいくつかに分類できます。保持時間の長さで分類する場合、保持時間の短いものを「短期記憶」、長いものを「長期記憶」と呼びます。大まかにいえば、短期的な記憶ほど、意識や行動に密接に関わっている記憶といわれています。さまざまな情報は、まず短期記憶に記録され、その情報の一部が長期記憶の領域に転送されて格納されます。長期記憶に蓄えられた情報を思い出すときには、長期記憶から短期記憶へ情報が転送されるのだと考えられています。ただし、これらの用語は、学問分野によっていくらか異なる使われ方が

るので注意が必要です。

しても、○を訪花した直後には○の採餌技術が短期記憶に格納されているため、続けて○を訪花したほうが効率はいいと考えられます。この考えにしたがえば、○を連続で訪花していた個体がなにかのきっかけで●を訪花すれば、●の採餌技術が思い出されて短期記憶を上書きするため、今度は●を連続で訪花するほうが採餌効率はよくなります。これが、個体内の定花性（●●●●●○○○○○●●●●●●○○○○という訪花順序）が観察される理由なのかもしれません。このような考えのことを「採餌技術記憶の干渉仮説（interference hypothesis）」といいます。

マルハナバチや蝶の仲間を対象にした研究では、2種類の花（○と●）の採餌技術を習得済みの個体であっても、同種間飛行（○→○や●→●）の後に比べると、異種間飛行（●→○や○→●）の後では、花あたりの採餌にかかる時間が少しだけ（1〜4秒くらい）長くなってしまうことが示されています。このことは、採餌技術記憶の干渉が、実際に採餌効率を下げていることを裏づけています。しかしじつのところ、この程度の採餌効率の低下であれば、同じ種類の花を連続して訪花することで飛行距離が長くなってしまうほうが損なのではないか、という意見もあります。このため、採餌技術記憶の干渉が、本当に定花性の原因になりうるのかに関しては、研究者の間でも意見が分かれています。

実際のところ、採餌技術記憶の干渉が全体の採餌効率をどのくらい下げてしまうのかについては、まだまだ検討の余地があります。私自身は、この仮説も定花性を説明できる論理のひとつだと考えていて、現在もその検証のための研究を行なっているところです。

探索イメージ仮説

今度は、さまざまな色（赤や青）や形（星、丸、三角など）をしたマークがたくさん散らばっているなかから、特定のマーク（例えば青い星）を10個、なるべく早く抜き出すことを考えてください。背景はごちゃごちゃしていて、それぞれのマークは少し見つけにくくなっています。それでも、抜き出すマークが1種類であれば、そのマークの映像（探索イメージ）を頭のなかに描くことで、比較的素早く、そのマークを抜き出すことができるのではないでしょうか。

では、2種類のマーク（例えば青い星と赤い丸）を10個ずつ抜き出すように言われたらどうでしょう。この場合、いっぺんに2種類のマークを抜き出そうとすると、間違いを犯す危険が高まり、それらのマークを見つけ出すのにかかる時間（探索時間）も長くなってしまうことがわかっています。それよりも、1種類のマークを10個抜き出してから、もう1種類のマークを10個抜き出すほうが、間違いも少なく早く終わらせることができます。こうしたことが起きるのは、短期記憶の容量が小さいため、複数の対象物の探索イメージを同時に頭のなかに描きつづけるのが困難だからです。

以上は人間を対象にした話ですが、花を探す訪花者たちも、同じような状況にあるのではないかと考えられています。つまり、訪花者に定花性が見られるのは、複数種の花を同時に探すよりも、1種類の花に専念して探したほうが、**効率的に花を見つけることができる**[★132]からではないか、というわけです。定花性が生じる理由に対するこのような考えのことを「探索イメージ仮説（search image hypothesis）」といいます。

頭のなかに描かれる探索イメージは、意識しつづけていないと数秒で消えてしまうような儚《はかな》いものなので、他の情報によって簡単に上書きされてしまいます。したがって、なにかのきっかけがあれば、今まで頭に描いていた花の探索イメージが消え、他の花の探索イメージに置き換わってしまいます。その場合、

132 効率的に花を見つけることができる
動物媒の花は基本的に目立つのだから、探索イメージなんて頭のなかに描かなくても、訪花者は簡単に花を見つけることができるのではないか、と思う人もいるかもしれません。しかし、昆虫の複眼の視力（空間分解能）は、我々のもつレンズ眼に比べると、高くありません（人の視力に換算すると0・03〜0・005くらいに相当するといわれています）。しかも彼らは、彼らの空間スケールで考えれば、猛スピードで飛び回りながら花を探しています。マルハナバチの飛行速度は、早いときには時速10キロ

ある花ばかりを訪れていた個体が、急に別の種類の花を連続して訪れるようになることが予想されます。つまり、探索イメージ仮説は、採餌技術記憶の干渉仮説と同様、「個体内の定花性」を説明できる仮説だといえます。

　これまでに行なわれたいくつかの研究が、探索イメージ仮説を裏づけています。例えば、マルハナバチを対象にした研究では、異種の花間を飛行するときのほうが、同種の花間を飛行するときに比べて、花を見つけるのにかかる時間がいくらか長くなってしまうことが示されています。また、色だけが異なる2種類の人工花を用いた実験では、定花性の度合いが低いマルハナバチ個体は花の探索時間が長いため、採餌効率が悪くなることが示されています。私の研究室（富山大学）の大学院修了生である増田光さんと私で行なった人工花を用いた実験でも、花の大きさや、花と花の距離、背景のごちゃごちゃ度合いなどを変えると、花が見つけにくくなる条件のときほど、定花性が顕著になるという結果が得られています。これは、花が見つけにくいときほど探索イメージに頼って花を探そうとするためだと考えれば辻褄《つじつま》が合います。こうした一連の研究によって、探索イメージ仮説は、現在、定花性を説明する有力な仮説のひとつに位置づけられています。

メートル以上になります。体長が数センチメートルの生き物が、それだけの速さで飛ぶ世界を想像してみてください。昆虫にとって花を見つけることは、私たちが直感的に感じるほど簡単ではないのです。

おまけ

選好性や定花性が、さまざまな要因が絡み合うことで生じていることがおわかりいただけたでしょうか。これまでも何度か書きましたが、選好性や定花性は、植物の多様性を創出したといわれる送粉者の重要な性質です。その選好性や定花性に、花の色や形、送粉者の形態や行動など、さまざまな要因が関わっているということは、こうしたさまざまな要因のすべてが、植物の多種共存、そして多様性の創出に関わる要因であることを意味しています。普段なにげなく見ている花の色や形、そして送粉者の形態や行動に、植物の多様性が創出された鍵が隠されていると思うと、ちょっとわくわくしませんか。

第 5 章

騙す花、奪う訪花者

植物と訪花者の関係は、花粉を運んでもらう代わりに報酬を提供するというような、相利的（互恵的）な関係ばかりではありません。報酬を提供せず、訪花者を騙すことで送粉を達成している植物もいれば、花蜜など花の資源を利用しておきながら、送粉にほとんど寄与しない訪花者もいます。ここで見られるのは、片方が片方を一方的に搾取するような関係です。こうした関係をもつ植物と訪花者には、しばしば相手を出し抜くための（または出し抜かれないための）さまざまな駆引きや、驚くような工夫が見られます。この章では、こうした「騙す花」や「奪う訪花者」について紹介します。

訪花者を騙して送粉を行なわせる花

一般的餌擬態花

報酬を（ほとんど）提供せず、訪花者（送粉者）を騙すことで送粉を達成する花のことを「騙し花」といいます。騙し花にはいくつかのタイプがありますが、最も一般的なのは、動物媒の花として一般的な色や形をしているタイプのものです。このタイプの騙し花を「一般的餌擬態花」といいます。一般的餌擬態花は、花蜜や花粉を提供する普通の花に見えるので、経験の浅い訪花者や、学習能力に乏しい訪花者がやってきます。

一般的餌擬態花のなかには、偽の餌を目立つように提示することで、より積極的に送粉者を騙すものもあります。例えば**ウメバチソウ**[★133]の花は、ほんのわずかしか花蜜を分泌しませんが、その代わりに、**仮雄しべ**[★134]の先端にキラキラ光る黄色い粒をたくさんつけています。この粒に栄養的な価値はありませんが、ハエやハナアブの仲間は、この粒を餌（花蜜か花粉）だと勘違いして訪花するようです。

道端でよく見かける**ツユクサ**[★135]の花にも、花粉のない雄しべ（仮雄しべ）があります。ツユクサの花をよく観察すると、長さが異なる3種類の雄しべがあります。そのなかで最も短い鮮やかな黄色の雄しべが、花粉をもたない仮雄しべです。2番目に短い雄しべにも花粉は少し含まれていますが、花粉を多く含んでいる長い雄しべはあまり目立たない茶色っぽい色をしています。ツユクサの花は花蜜を分泌しないので、送粉者（主にハナアブ）に対する報酬は花粉だけです。しかし植物にとって花粉は送粉者に運んでもらいたい目的物質そのものなので、

133 ウメバチソウ
湿ったところに生育するニシキギ科の多年生草本。花の形が梅鉢紋という家紋に似ているためにこう名づけられたそうです。

134 仮雄しべ
花粉をもたない雄しべのこと。仮雄蕊《かりゅうずい》とも。

135 ツユクサ
ツユクサ科の一年生草本。ひとつひとつの花の寿命は短く、早朝に咲き、午後にはしぼんでしまいます。

◉ウメバチソウ

◉ツユクサ

できることなら食べられたくはありません。そこで、花粉のない雄しべ（短い雄しべ）を、あたかもそれが花粉を多く含んでいるかのように目立たせることで、送粉者の注意を花粉のある雄しべ（長い雄しべ）から逸らしているのです。これも偽の餌で送粉者を騙す戦略といえるでしょう。

興味深いことに、一般的餌擬態花をもつ植物種には、**同じ集団のなかに、異なる色の花を咲かせる株が混在**★136することが多いといわれています。例えば、ヨーロッパに生育するダクティロヒーザ・サンブシーナ（*Dactylorhiza sambucina*）というラン科の植物の場合、黄色の花を咲かせる株と紫色の花を咲かせる株が、同じ集団のなかに混ざり合って生育しています。なぜこのようなことが起きるのでしょうか。

これに関しては、集団のなかで多数派を占める花の色は、訪花者によって無報酬花の色だと速やかに学習されてしまうため、少数派の花色をした花のほうが、相対的に多くの訪花を受けることができるからといわれています。事実、ダクティロヒーザ・サンブシーナの場合、黄色の花が多い集団では紫色の花のほうが訪花頻度が高く、紫色の花が多い集団では黄色の花のほうが訪花頻度が高いという観察結果が報告されています。少数派のほうが有利な状況で働く自然選択のこと

136 同じ集団のなかに異なる色の花が混在と書きましたが、そうした報告のほとんどは海外からのものです。日本にそうした例に合致する植物種が存在するのか私は知りません。

◉異なる色の花を咲かせる個体が混在する*Dactylorhiza sambucina*の集団
［写真提供］Strobilomyces氏［2004 CC BY-SA 3.0］
https://commons.wikimedia.org/wiki/File:Dactylorhiza_sambucina_040531Bw.jpg

を「**負の頻度依存選択**」★137といいます。負の頻度依存選択は、同じ集団のなかに複数の形質（多型）が維持される原因になります。つまり、一般的餌擬態花では、花の色に負の頻度依存選択が働くことで、花色の多型が生じやすくなっているのかもしれません。

ただしこの仮説には、それを裏づ

137 負の頻度依存選択　逆に、多数派のほうが有利に働く自然選択のことを「正の頻度依存選択」といいます。

けないような研究結果も報告されているので注意が必要です。例えば、同じように黄色と紫色の無報酬花が混在するアイリス・ルテセンス（*Iris lutescens*）という、南ヨーロッパに生育するアヤメ科の植物では、花色の頻度に依存した送粉者（マルハナバチと単独性ハナバチ）の訪花頻度は観察されなかったと報告されています。一般的餌擬態花の花色多型が負の頻度依存選択によって維持されているというのは、興味深くて説得力のある考えですが、この考えをどのくらい一般化してよいのかに関しては、まだ議論の余地があるようです。

ベイツ型擬態花

一般的餌擬態花には、擬態のモデルとなる特定の植物種の花が存在するわけではありません。しかし無報酬花のなかには、報酬を多くもっている特定の植物種の花に色や形を似せることで送粉者を誘引しているものも知られています。こうした花のことを**ベイツ型擬態花**[★138]といいます。

ベイツ型擬態花の例としてよく知られているのは、南アフリカに生育する*Disa ferruginea*（ディザ）というラン科の植物です。この植物は、花蜜をもたない無報

138 ベイツ型擬態
「ベイツ型擬態（Batesian mimicry）」とは、もともとは毒をもたない生物が毒をもつ生物に擬態している場合に対して使われる言葉でした。しかし現在では、擬態する生物が、擬態される生物の性質を一方的（搾取的）に利用している場合に対して、広く使われる言葉になっています。

酬の花をつけますが、その花の色は地域によって異なっています。具体的には、オレンジ色の花を咲かせるススキノ科の*Kniphofia uvaria*（クニフォフィア）が多い地域ではオレンジ色の花を咲かせる個体が生育し、赤い花を咲かせるアヤメ科の*Tritoniopsis triticea*（トリトニオプシス）が多い地域では赤い花を咲かせる個体が生育しています。クニフォフィアの花もトリトニオプシスの花も、花蜜を分泌する報酬花です。オレンジ花と赤花のディザを両方の地域に移植した研究からは、クニフォフィア（オレンジ花）が優占する地域ではオレンジ花のディザにより多くの送粉者（タテハチョウ）が訪れ、トリトニオプシス（赤花）が優占する地域では赤花のディザにより多くの送粉者が訪れたという結果が報告されています。つまり無報酬花であるディザの花は、それぞれの地域で開花している報酬花に花の色が似ていたほうが多くの送粉者を誘引することができたのです。この結果から、ディザの花色は★139**その地域に生育する報酬花の花色に似るよう進化**してきたことが推察されます。

さて、ベイツ型擬態花と一般的餌擬態花の定義上の違いは、擬態のモデルとなる特定の植物種の花が存在するかしないか、ということになります。しかし現実の世界では、ある植物の花がベイツ型擬態花なのか一般的餌擬態花なのか

139 その地域に生育する報酬花の花色に似るよう進化
オーストラリアに生育するラン科ディウリス属（*Diuris*）の花も、ベイツ型擬態している無報酬花として有名です。この属の花は、色だけでなく、形や大きさ、花冠の配色パターンまで、擬態のモデルだと考えられているマメ科のダヴィエシア属（*Daviesia*）やプルテナエア属（*Pultenaea*）の花に似ています。

◉（a）オレンジ色の花を咲かせる*Disa ferruginea*と（b）*Kniphofia uvaria*、および（c）赤色の花を咲かせる*Disa ferruginea*と（d）*Tritoniopsis triticea*
［写真提供］Steven Johnson氏（University of KwaZulu-Natal）

を判別するのが難しいケースがしばしば見られます。それは、無報酬（または低報酬）の花が開花している地域で、たまたま花の色が似ている報酬花が開花していれば、それだけで訪花者が無報酬の花を訪れる頻度が高くなることがあるからです。

例えば、礼文島に生育する**レブンアツモリソウ**★140は花蜜を分泌しない白い花を咲かせます。熊本大学の杉浦直人さんによれば、この花は、その周辺に花蜜を分泌する**ネムロシオガマ**★141の白い花が生育していると、そうでないときに比べ、より多くの送粉者（ニセハイイロマルハナバチ）が訪れるそうです。これは、ネムロシオガマの花を目当てにやってきたニセハイイロマルハナバチが、色が似ているレブンアツモリソウの花を間違って訪れてしまうことがあるためです。レブンアツモリソウとネムロシオガマの花の形はまったくといっていいほど似ていませんが、これだけ聞くと、レブンアツモリソウの花色（白）は、ネムロシオガマの花色（白）をモデルとして進化してきたように思えます。しかし、「白」は動物媒花に一般的な花色のひとつです。レブンアツモリソウの花色は、ネムロシオガマの花色とは関係ないところで進化したのに、花色がたまたま同じだったため、ネムロシオガマの存在によってレブンアツモリソウが利益を得ているだ

140 レブンアツモリソウ
北海道礼文島に固有のラン科の植物。心ない採取によって数を減らし、絶滅危惧種になっています。

141 ネムロシオガマ
北海道北部と礼文島にだけ生育するハマウツボ科シオガマギク属の植物。

◉ネムロシオガマ（左側）とレブンアツモリソウ（右側）
［写真提供］杉浦直人氏

けなのかもしれません。

ベイツ型擬態花への進化は、もともとは一般的餌擬態花として進化してきた花が、たまたまある程度は色が似ていた報酬花と出合ったことから始まったのでしょう。そう考えれば、両者を区別するのが難しいのは当たり前なのかもしれません。

性的擬態花

訪花者を騙すことで送粉を達成する花のなかには、特定の昆虫種のメスが放出する性フェロモン（異性の性的興奮を誘発する化学物質）に似た匂いを放出したり、花の一部を昆虫の姿に似せたりすることで交尾にやってくるオスを騙して誘い、受粉を達成するものがあります。こうした花のことを性的擬態花といいます。

性的擬態花のほとんどはラン科の植物から報告されています。たいていの場合、植物種ごとに特定の1種類（または数種類）の**ハチ目昆虫のオスを利用**★142しているようです。こうした性的擬態のランは、なぜか**ヨーロッパとオセアニアから特に多く報告**★143されています。

性的擬態花のなかで最も有名なのは、おそらく「ハンマーオーキッド」と呼ばれているドラカエア属（*Drakaea*）のランではないでしょうか。ドラカエア属のランは、オーストラリアの南西部から、これまでに10種が記載されていますが、そのどれもが、ある種のコツチバチ科のメスが出す性フェロモンに似た匂い成分を花から放出しています。そして花弁の1枚である**唇弁**★144（しんべん）がハチの

142 ハチ目昆虫のオスを利用
ただし、ハエ目やコウチュウ目を利用する性的擬態ランも少数ながら知られています。

143 ヨーロッパとオセアニアから多く報告
性的擬態ランは、アフリカやアジア、中南米からもいくらかは報告されています。しかし不思議なことに、北米からの報告例は今のところないようです。

144 唇弁
ラン科の花は、6枚の花被片（3枚の花弁と3枚の萼片《がくへん》）をもちます。このうち、中央下側に位置する、特殊化した形状の

◉ハンマーオーキッド（写真は*Drakaca glyptodon*）
［写真提供］Brundrm氏［2010 CC BY-SA 3.0］
https://commons.wikimedia.org/wiki/File:Drakaea_glyptodon_2.jpg

ような模様と形をしています。コツチバチのオスが性フェロモンの匂いに騙されて花にやってくると、そのオスは唇弁をメスだと思い込み、交尾をしようとしてしがみつきます。すると、唇弁の根元にある蝶番《ちょうつがい》状のバネ仕掛けによって、柱頭と葯のあるところに、むりやり投げ出されてしまいます。その際に、花粉の授受が

花弁1枚を唇弁といいます。

行なわれるのです。

ヨーロッパとその周辺に生育しているオフリス属（*Ophrys*）や、オーストラリアとニューギニア島に生育するクリプトスティリス属（*Cryptostylis*）のランも、匂いと見た目でハチのオスを騙す性的擬態ランとして知られています。オフリス属は数十種類以上が含まれる比較的大きな属ですが、そのすべてが、**ハナバチ種のオス**★145を利用する性的擬態ランだといわれています。唇弁の模様がハチそっくりなため、一般にはビーオーキッド（蜂蘭）と呼ばれています。色仕掛けでハチを誘い込むその性質から、「娼婦ラン」と呼ばれることもあります。一方、クリプトスティリス属は、これまでに十数種が記載されていますが、このうち少なくとも5種は性的擬態花をもっていると報告されています。この5種はどれも、同じ種類のヒメバチ（*Lissopimpla excelsa*）のオスを送粉者として利用しているようです。クリプトスティリス属の花は、よほど上手にヒメバチのオスを惑わすのでしょう。騙されてやってきたヒメバチのオスは、この花の唇弁と交尾をしようとして射精までしてしまうと報告されています。

ラン科以外の植物では、南アフリカに生育するキク科の**ゴルテリア・ディフューサ**★146（*Gorteria diffusa*）が性的擬態戦略をもつ花として報告されています。こ

145 ハナバチ種のオス
オフリス属のランは、主にケブカハナバチ属、ヒメハナバチ属、ヒゲナガハナバチ属のオスバチを利用しています。

146 ゴルテリア・ディフューサ
ゴルテリア・ディフューサは、多くの性的擬態ランとは違って花蜜や花粉を送粉者に提供していません。つまり、まったくの無報酬花というわけではありません。黒い斑紋をメスだと思ってやってきたツリアブのオスは、多くの場合、花蜜や花粉を採餌してから花を立ち去るようです。

◉オフリス属（Bee orchid）の花（写真は*Ophrys apifera*）
［写真提供］Bernard DUPONT氏［2014 CC BY-SA 2.0］
https://commons.wikimedia.org/wiki/File:Bee_Orchid_(Ophrys_apifera)_(14374841786)_-_cropped.jpg

の植物の**頭花**★147には目立つ花びらが十数枚あり、そのうちの何枚かに黒い大きな斑紋がついています。実験的に、この黒い斑紋のついた花びらを取り除くと、この花の主な送粉者であるツリアブ種（*Megapalpus nitidus*）のオスの訪花頻度が、著しく低下するようです。こうしたことから、

147 頭花
タンポポやコスモスなど、キク科の植物は、多数の小さな花（小花）が集まってひとつの花のようになっている花序（花の集まり）をつくります。このような花序のことを頭花（または頭状花序）といいます。

●*Gorteria diffusa*の花を訪れるツリアブ（*Megapalpus nitidus*）のオス
［写真提供］Steven Johnson 氏（University of KwaZulu-Natal）

オスのツリアブにはこの黒い斑紋が同種のメスに見えるのではないかと推測されています。

南アフリカでは、ツリアブによって送粉される植物種のいくつかが、ゴルテリア・ディフューサと似たような斑紋をもつ花を咲かせているといいます。それらの花も、性的擬態戦略でオスのアブを誘っているのかもしれません。

産卵基質擬態花

腐肉臭や糞臭など、人からすれば臭《くさ》い匂いを出す花があります。身近なところでは、★148**コンニャク**やザゼンソウの花がそうした臭い匂いを出しています。このような臭い花は、死肉や糞にたかる虫（主にハエ目やコウチュウ目の昆虫）を、その匂いで誘い込むことで受粉を達成しています。

そもそも死肉や糞にハエなどの虫が群がるのは、多くの場合、メスは産卵のため、オスは産卵にやってくるメスと交尾をするためです。つまり、★149**臭い匂いを出す花**は、虫たちの産卵基質（卵を産みつけるもの）の匂いに擬態することで、虫たちを騙して誘い寄せているのです。このようなタイプの騙し花は産卵基質擬態花と呼ばれます。

産卵基質擬態花には、腐肉や糞の匂いの代わりに、キノコの匂いを出すことで、キノコに産卵する昆虫（キノコバエやショウジョウバエの仲間など）を呼び寄せているものも知られています。キノコに擬態している花としては、オーストラリアに生育するラン科のコリバス属（*Corybas*）や、中南米に生育するラン科の★150**ドラクラ属**（*Dracula*）が有名です。これらの花のなかには、花弁（特に唇弁）の

148 コンニャクの花
身近なところでは、と書きましたが、実際には蒟蒻《こんにゃく》の産地でもその花を見かけることは珍しいようです。蒟蒻は4年以上作づけされた後でないと花が咲かないのですが、花が咲くと芋が小さくなるので、たいていの場合、花が咲く前に収穫されてしまうからです。コンニャクは、品種改良をするとき以外は種芋から増やすので、花を咲かせる必要がないのです。

149 臭い匂いを出す花
臭い花というと、ヘクソカズラ（屁糞葛）というひどい名前をつけられた植物を連想する人もいる

◉コンニャクの花
［写真提供］KENPEI氏［2007 CC BY-SA 3.0］
https://commons.wikimedia.org/wiki/File:Amorphophallus_konjac1.jpg

かもしれません。しかし、ヘクソカズラの嫌な匂いは、葉や茎を潰したときに出るものです。したがってヘクソカズラ特有の臭い匂いは送粉とは関係ありません。ヘクソカズラの花は比較的多くの花蜜を分泌しており、ハナバチ類やチョウの仲間がよく訪れます。

150 ドラクラ属
この属名は吸血鬼ドラキュラにちなんで名づけられました。花の見かけが異様な印象を与えるものが多いからのようです。

表面にヒダ状の模様があって、それがキノコの傘の裏面にあるヒダを模しているのではないかと疑われるものまであります。日本ではカンアオイ（ウマノスズクサ科）の仲間やマムシグサ（サトイモ科）の仲間が、やはりキノコの匂いでキノコバエを誘引しているのではないかといわれています。

花が産卵基質擬態をしている植物は、ラン科やサトイモ科など、特定の分類群に偏って存在する傾向はあるものの、比較的多くの分類群に見られます。これらについては、すでに第2章でいくつか紹介したので、ここではもうひとつだけ、インドネシアのスマトラ島の熱帯雨林に生育している、サトイモ科のショクダイオオコンニャクについて紹介します。

ショクダイオオコンニャクは、**世界最大の偽花**★151をもつ植物として有名で、日本でもいくつかの植物園で栽培されています。他のコンニャク属の植物と同様、何年かかけて地下の芋（地下茎）に栄養を蓄え、それまでに蓄えた養分をすべてつぎ込むようにしてひとつの大きな花序をつくります。花序は、その先端にある付属体から強い腐肉臭を出し、主にシデムシ類やハネカクシ類などの甲虫類とハエ類を誘引します。その匂いから、現地では「死体花」とも呼ばれているそうです。この植物の花序は**発熱する**★152ことでも知られています。この熱は匂い

151 世界最大の偽花
ショクダイオオコンニャクは、世界最大の「花」として紹介されることがありますが、ひとつの花に見えるのは、実際には花の集合である花序で、花びらに見えるのは花序を取り囲む仏炎苞（葉が変形したもの）です。このように、花序全体がまとまってひとつの花のように見えるものを「偽花」といいます。ショクダイオオコンニャクは、偽花をひとつの花とみなしてよければ、という条件つきで、世界最大の花をもつ植物ということになります。ちなみに偽花全体の大きさは、大きいものだと縦3・5メートル、直径1・5メートルにも

◉ドラクラ属の一種*Dracula polyphemus*［写真提供］奥山雄大氏

◉ショクダイオオコンニャク
一緒に写っているのは、この写真を提供してくださった奥山雄大氏

を効率的に拡散させるために機能していると考えられています。

　産卵基質擬態花には、花（または花序の付属体）の一部が袋状の構造をしていて、それが送粉者に対する罠として機能しているものも多く見られます。例えば、コンニャクやマムシグサの仲間の場合、花序を包み込む仏炎苞の内側が滑りやすくなっていて、仏炎苞に入った虫が外に出るのに苦労するようなつくりになっています。産卵基質擬態をしているランには、訪花者がはまり込んでしまうような、袋状の唇弁をもつ種もいくつか知られています。報酬をもつ花の場合、報酬の場所によって送粉者を適当な場所（葯や柱頭に触れる位置）に誘導することができますが、擬態花には報酬がありません。このため、花を罠として機能させることで、送粉者が葯や柱頭に触れる機会を増やしているのかもしれません。

　興味深いことに、産卵基質擬態花には、長い糸状の構造物をもつ花が多いようです。日本ではマムシグサの仲間であるウラシマソウや、カンアオイの仲間であるオナガカンアオイがそうした構造物をもつ花として知られています。海外では、先ほど紹介したコリバス属やドラクラ属の植物（どちらもラン科）などにこうした糸状の構造物が見られます。この糸状の構造物がなんのために機能

なります。一方、世界最大の個花をもつのは、第2章でも紹介したラフレシアの仲間の *Rafflesia arnoldii* で、花の直径は約90センチメートルになります。

152 発熱する花
発熱する花は、サトイモ科を中心に、これまでに50種ほどの植物が報告されています。発熱の目的は、匂いを飛ばすため、花粉や胚珠、種子の成熟を促すため、温かさで虫を誘い込むためとさまざまです。身近なところでは、ハス（ハス科）やザゼンソウ（サトイモ科）の花が、発熱する花として知られています。

◉ウラシマソウ
［写真提供］CT Johansson氏［2014 CC BY-SA 3.0］
https://commons.wikimedia.org/wiki/File:Arisaema_thunbergii_ssp._urashima-IMG_6578.JPG

◉オナガカンアオイ［写真提供］奥山雄大氏

しているのか、はっきりしたことはわかっていません。この糸をつたって歩いてくる訪花者がいるのではないかと考える研究者もいるようですが私は半信半疑です。産卵基質擬態花は（性的擬態花もですが）、その奇抜な見かけで、虫だけでなく人々の興味も惹く存在だといえるでしょう。

その他の騙し花

その他の騙し花についても、落穂拾い的に紹介していきましょう。

まず、中国の海南島に生育するデンドロビウム・シネンセ（*Dendrobium sinense*）というラン科の花は、ミツバチが出す警報フェロモンの成分を放出することで、スズメバチの一種（*Vespa bicolor*）を騙し寄せ、送粉を達成していると報告されています。スズメバチは幼虫の餌として、しばしばミツバチを襲います。つまりこのランは、送粉者となるスズメバチに、餌となるミツバチがいると思わせることで、彼らをおびき寄せているのです。

中南米を中心に分布する、オンシディウム属（*Oncidium*、ラン科）とトルムニア属（*Tolumnia*、ラン科）のいくつかの種は、ある種のハチ（*Centris sp*）の、縄張りを守ろうとする性質を利用しているのではないかと報告されています。このメカニズムについては詳しく調べられていないのですが、どうやらハチが、花のことを、縄張りに侵入した別個体のハチだと勘違いして攻撃するときに、花粉の授受が行なわれるようです。

中国原産のキンリョウヘン（*Cymbidium floribundum*）や、インド北部からタイにかけて生育するデボニアナム（*Cymbidium devonianum*）など、シンビジウム属（ラン科）のいくつかの種は、★153**トウヨウミツバチ**が出す集合フェロモンの主要成分を放出します。大きく成長したミツバチのコロニー（群れ）では、春から夏にかけて、新しい女王バチを残して、古い女王バチが働き蜂の半数を連れてもとの巣から出ていきます。そして、新しい場所で巣をつくります。これを分封《ぶんぽう》（または分蜂《ぶんぽう》）といいます。キンリョウヘンやデボニアナムは、分封のために巣から出てきたミツバチの群れ（分封群）を、★154**集合フェロモンで惹き寄せることで受粉を達成**しているようです。キンリョウヘンやデボニアナムのこうした性質は、養蜂家がニホンミツバチの分封群を捕獲するのに利用されています。

北海道から九州に生育する、ラン科アツモリソウ属（*Cypripedium*）のクマガイソウでは、袋状になった唇弁の入り口からマルハナバチの女王が入り込むこ

153 トウヨウミツバチ
アジア全域に分布するミツバチの仲間。ニホンミツバチもトウヨウミツバチの亜種です。

154 集合フェロモンで惹き寄せることで受粉を達成
キンリョウヘンの花序に群がるミツバチは熱をもちます。この熱が種子の発達を促しているのではないかという説もあるようです。

◉クマガイソウ
［写真提供］Alpsdake氏［2016 CC BY-SA 4.0］
https://commons.wikimedia.org/wiki/File:Cypripedium_japonicum_(flower_s4).jpg

とによって花粉の授受が行なわれています。なぜマルハナバチの女王は、花蜜を出さないクマガイソウの唇弁に入りこむのでしょうか。クマガイソウを模した人工花を使った、玉川大学の久保良平さんと小野正人さんの行なった実験によると、コマルハナバチの交尾女王バチは、交尾前の女王バチや働き蜂と比較して、唇弁内に入り込む頻度が高かったとのことです。この結果は、クマガイソウの花が、「営巣する場所[155]を探して手当たり次第に適当な穴に入ってみる」という、営巣前のマルハナバチの女王バチの習性を利用して送粉を達成している可能性を示唆しています。

このように、騙し花が送粉者を誘い込む戦略はじつに多彩です。我々が想像していなかったような方法で送粉者を呼び寄せている騙し花が、これからも見つかるかもしれません。

ランに多い騙し花

ここまで読んできた皆さんならお気づきかもしれませんが、騙し花はラン科の植物に特に多いといわれています。これには、ラン科の花の花粉が、「花粉塊[156]（かんふかい）」というまとまりを形成していることが深く関係しているという説があります。どういう説なのでしょうか。

まず、花粉塊がどのように機能しているのかを見てみましょう。ラン科の花は種類によって、ひとつの花あたり2つか4つ、または8つの花粉塊をもっ

155 営巣する場所
マルハナバチ種の多くは、ネズミの古巣や木の洞《うろ》など、入り口が狭い空洞を利用して営巣します。そのため、営巣前の女王には、穴を見つけると手当たり次第入ってみる性質があります。

156 花粉塊
たくさんの花粉が凝集してできた塊《かたまり》のこと。ラン科のほかに、ガガイモ亜科（キョウチクトウ科）の花の花粉も花粉塊を形成しています。ではガガイモ亜科の植物にも騙し花は多いのでしょうか。少なくとも、ガガイモ亜科の植物には、産卵基質擬態をしている「臭い花」が多く知られています。

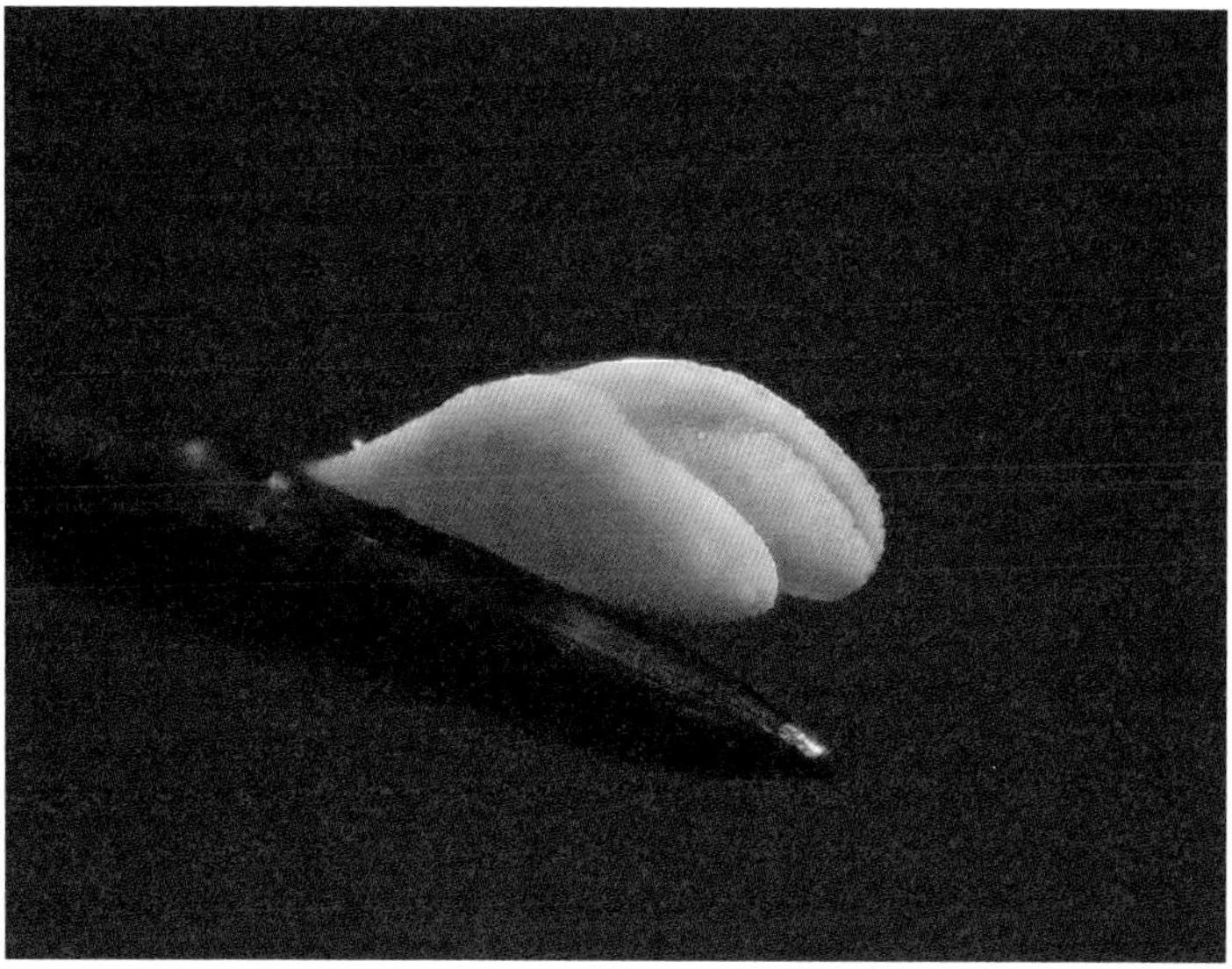
◉ネジバナの花粉塊

ています。ひとつの花粉塊には、数千から数百万個の花粉が含まれています。花粉塊は、それ自身の粘着力が強いか、粘着力の強い基部をもった柄がついています（複数の花粉塊の柄が、粘着部分でくっついている場合もあります）。このため、送粉者がランの花を訪れたときに花粉塊かその柄に触れると、その粘着力によって、花粉塊が送粉者の体に付着します。たった一度の訪花ですべての花粉

私個人の印象ですが、ガガイモ亜科にも騙し花は多いような気がします。

●背中に花粉塊をつけた甲虫
［写真提供］Steven Johnson氏（University of KwaZulu-Natal）

塊が持ち出されることもあります。その場合は、たった一度の訪花で、その花がもつ花粉のすべてが、まとめて持ち去られることになります。

一方、花粉塊を体に付着させた送粉者が別の花を訪れてその花の柱頭に触れると、今度は大量の花粉がまとめて柱頭に付着します。★157**種類によっては**、花粉塊ごと柱頭につくことがあります。ランの花

157 種類によっては　一口に花粉塊といっても、さまざまなタイプがあります。しっかりとまとまって崩れにくい花粉塊もあれば、ぼろぼろ、またはペースト状に崩れてしまう花粉塊もあります。ひとつの花粉塊が、数十から数百個の「花粉団」という、より小さなまとまりで構成されている場合もあります。柄がついた花粉塊の場合、柄の長さや形状も種によってさまざまです。

がもつ胚珠（受精後に発達して種子になる粒状の器官）の数は非常に多いのですが、ひとつひとつの花粉塊には、それを十分に上回る数の花粉が含まれています。このため、すべての胚珠を受精させられるだけの量の花粉が、一度の訪花で柱頭に付着することになります。

このように、花粉塊をもつ植物の送粉では、うまくいけばたった1、2度の訪花で花粉の受け渡しがすべて完了します。一般的な花粉による送粉では、送粉者がたくさん訪花するほど多くの花粉が運ばれますが、花粉塊を介した送粉では、同じ花が何度も訪花を受ける必要性が低いのです。そしてもうひとつ、じつはこちらのほうが重要なのですが、花粉塊を介した送粉では、ある送粉者の体に付着している花粉のかなりの割合（場合によってはすべて）が、たった1回の訪花で失われる（または入れ替わる）といわれています。送粉者の体に付着している花粉のうち、どれだけの割合の花粉が、1度の訪花で失われずにその次の花まで持ち越されていくのかを「花粉の持ち越し率」といいます。花粉塊を介した送粉では、一般的な花粉による送粉に比べ、花粉の持ち越し率が低くなると考えられるのです。

では、こうした特徴が、無報酬花（騙し花）の進化とどう関わっているのでしょうか。まず思いつくのは、花粉塊をもつ花では、多くの送粉者を誘引する必要がないために、報酬を生産しなくなったのではないかということです。そもそも花蜜などの報酬は、花が送粉者を呼び寄せるための手段です。しかし、花粉塊をもつ花では、同じ花が何度も送粉者の訪問を受ける必要がありません。このため、花粉塊をもたない植物に比べると、コストをかけてまで報酬を生産するメリットが小さいのではないか、というわけです。

しかし、この考えには矛盾があります。というのも、無報酬花をもつラン科の植物では、多くの場合、送粉者の訪花頻度が低いため、送粉や受粉に失敗してしまう花のほうが、送粉や受粉を達成する花よりもずっと多いからです。花蜜を分泌する種類のランと分泌しない種類のランを比較すると、概して、花蜜を分泌しない種類のランのほうが送粉者の訪花頻度が低く、花が果実になる割合が少ないことも指摘されています。いくら花粉塊をもたない植物に比べれば多くの送粉者を誘引する必要がないからといって、送粉や受粉に失敗してしまうほど送粉者を減らしては、元も子もないように思えます。

では、送粉者の訪花頻度を犠牲にしてまで報酬を生産しない理由とは、いったいなんなのでしょうか。じつは、ラン科に無報酬の花が多いのは、「自家受粉」を減らすための工夫なのかもしれません。自家受粉とは、ある植物で生産された花粉が、同じ植物個体が咲かせている花の柱頭に付着することです。これに対し、他の植物個体で生産された花粉による受粉を「他家受粉」といいます。多くの場合、自家受粉によって生産された種子（自殖種子）は、他家受粉によってつくられた種子（他殖種子）に比べ[★158]**質が劣ります**。このため、[★159]**自家受粉を行なうのは、植物にとって好ましいことではありません。**

　さて、ある花で生産された花粉が同じ花の柱頭につけば、当然それは自家受粉です。このような自家受粉のことを「同花受粉」といいます。一方、ある花の花粉が、同じ株（植物個体）のなかで咲いている別の花の柱頭についたとしても、それは自家受粉です。このようにして起きた自家受粉のことを「隣花受粉」と呼びます。隣花受粉は、送粉者が同じ植物個体のなかで複数の花を訪れたときに起こります。このとき花粉の持ち越し率が低いほど、隣花受粉は起こりやすくなるといわれています。

　先ほども説明したように、花粉の持ち越し率が低いというのは、ある花で送粉者の体表に付着した花粉の多くが、その次に訪れた花で体表から失われてしまう（または、新しく訪れた花の花粉と入れ替わってしまう）ことを意味しています。

158 質が劣ります
遺伝的に近い個体どうしによる交配（近親交配）は、しばしば生存率や繁殖力が低い子孫を生じることになります。これを近交弱性といいます。自家受粉による繁殖（自殖）は、個体のなかで行なわれる交配なので、究極の近親交配です。自殖種子が他殖種子に比べ質が劣るのはこのためです。近交弱性が起きる理由についてはこの本で扱う範囲を超えるので割愛します。

159 自家受粉は植物にとって好ましくない
とはいえ、自家受粉を通じて種子生産を行なうことができれば、周囲に交

したがって、例えばある訪花者が「株Aの花1↓株Aの花2↓株Aの花3↓株Bの花1↓株Bの花2」という順序で訪花した場合、花粉の持ち越し率が低ければ、「株Aの花1」で訪花者に付着した花粉の多くが「株Aの花2」や「株Aの花3」で失われてしまい、「株Bの花1」や「株Bの花2」まで届かないことになります。これが、花粉の持ち越し率が低いほど隣花受粉が起こりやすくなる理由です。

いよいよラン科の植物に無報酬花をもつものが多い理由に近づいてきました。花粉塊というまとまりで花粉が運ばれるラン科の植物では、花粉の持ち越し率が低いため、送粉者が同じ株のなかで複数の花を訪れたら、隣花受粉（つまり自家受粉）がとても高い頻度で起きてしまいます。これを防ぐためには、送粉者には、同じ株のなかで2つ目や3つ目の花を訪れる前にその株から立ち去ってもらうのがいいことになります。ではどうすればいいのでしょうか。それは、送粉者が1つ目の花を訪れたときに、送粉者に「騙された」と感じさせる★160ことです。なぜなら、1つ目の花で騙されたと感じれば、同じ株のなかで**2つ目、3つ目の花を訪れようとはしない**からです。

これこそが、ランの花で無報酬花（騙し花）が多く進化してきた理由ではない

配相手となる同種個体がいなくても自分だけで種子をつくることができます。はじめから他家受粉をあきらめてしまえば、送粉者を呼ぶための工夫（目立つ花びらや花蜜など）に投資する必要もなくなります。このため、積極的に自家受粉を行なう植物も存在します。ただ、こうした事例はあるものの、総じてみれば、多くの植物種にとって自家受粉は他家受粉に比べて好ましくないと考えられています。

160　2つ目、3つ目の花を訪れようとはしない　その証拠に、無報酬のランの花に人工的に花蜜を添加すると、送粉者によ

かと考えられていることです。つまり、ランの花は、報酬を出さないことで送粉者に株から早く立ち去ってもらい、★161**隣花受粉が起こらないようにしているの**かもしれないのです。

奪う訪花者

ここまで、訪花者（送粉者）を一方的に利用する植物（花）を紹介してきましたが、花を一方的に利用する訪花者も知られています。これらについても紹介していきます。

花食者

花を一方的に利用する訪花者としてまず挙げられるのは、花弁や子房など、花の一部（または全部）を食べるために花を訪れる訪花者です。こうした訪花者のことを「花食者」と呼びます。花粉を餌にしておきながら送粉に寄与しないも

る、同じ株内での訪花数が増えるという実験結果が得られています。

161 隣花受粉が起こらないようにしている　この理屈は、ひとつの株にひとつの花しか咲かせないラン（アツモリソウの仲間など）にも無報酬花が多いことと矛盾するように思えるかもしれません。しかし、多くのランは、株分けによる栄養繁殖でも増えるので、近くに生えている株が遺伝的に同一であるクローンの場合がしばしばあります。クローンの株どうしの花粉のやり取りは実質的には隣花受粉（自家受粉）です。したがって、こうしたランにも同じ理

屈が適用できるのです。

のを「花粉食者」または「盗花粉者」と呼びますが、これも広い意味では花食者に含まれます。花と花の間をほとんど移動せず、花に滞在したまま花粉を食べているダニ、状況次第でハナノミやハネカクシ、アザミウマなどが、これにあたります。さらに広い意味での花食者には、子房や種子を幼虫の餌とするべく、産卵のために花に来る訪花者（コウチュウ目やハエ目に多い）も含まれます。
こうした花食者たちは、花を壊すことや、胚珠や種子、花粉を損なうことを通じて、植物の利益を直接的に侵害する訪花者だといえるでしょう。

盗蜜者

花蜜は、植物が送粉者へ提供する報酬として最も一般的なものです。しかし、花蜜を採餌しておきながら、送粉にほとんど寄与しない訪花者もいます。こうした訪花者のことを「盗蜜者」といいます。盗蜜者は胚珠や花粉を損なうわけではなく、花を（大きく）壊すこともしません。しかし、盗蜜者が花蜜を消費すると、花の魅力が低下して、送粉者となりうる他の訪花者たちが来る回数が減るおそれがあります。そしてその結果、植物にとって十分な量の送粉が行なわれなくなってしまうことがあります。つまり盗蜜者は、間接的な効果を通じて、植物の利益を損なう（ことがある）訪花者だといえます。

一口に盗蜜者といってもいろいろなタイプがあります。以下、代表的なものを紹介していきます。

花の大きさに対して非常に小さい訪花者は、花の種類との組み合わせにもよりますが、花蜜を吸う際に葯や柱頭にほとんど触れません。ツツジやシャクナゲなどのように、雄しべや雌しべが突き出した大きな花では特にそうです。この場合、彼らは花蜜や花粉の消費量に対して送粉への寄与が小さいため、状況次第では盗蜜者と呼ぶべき存在になります。

ひとつの花に長く滞在して花蜜を吸いつづけ、花と花の間をほとんど移動しないような訪花者も盗蜜者と呼んでいい存在です。キク科の頭花の上で、他の頭花に移動することなく吸蜜しつづけるカメムシ（特にその幼虫）などがこれにあたるかもしれません。

花を訪れて花蜜を吸うアリは、一部の植物種にとって重要な送粉者となっていることが報告されています。しかし多くの植物種にとって、アリは盗蜜者といえる存在だと考えられています。というのも、アリの体表は細菌や真菌を殺す物質で覆われており、これが花粉も殺してしまうからです。いくらアリが頻繁に花と花の間を移動したとしても、これでは植物にとって意味がありません。

じつはそればかりではなく、アリは多くの昆虫が嫌がる存在なので、一般的な訪花者の多くは、アリがいる花を避けてしまうことも観察されています。つまり多くの植物種にとって、**アリはただの花蜜泥棒という以上に、送粉者を追い払ってしまう厄介な存在**[★162]だといえます。武田和也さん（京都大学）と川北篤さん（東京大学）は、いくつかの植物種の花の花弁がワックス（蝋《ろう》）で覆われてつるつるであることに注目し、これにアリの歩行を阻害する働きがあることを示しました。これと同様に、花茎や萼《がく》、**苞**[★163]（ほう）など、花の基部にある器官がネバネバしていたり、毛や棘《とげ》で覆われていたりする植物種があるのも、おそらくアリ（と、歩いて花にやってくるさまざまな花食者）の訪花を防ぐために進化してきたのではないかと考えられます。

花筒が短い花にとっては、口吻が長いチョウ目も、盗蜜者になることがあります。第2章でも書いたように、花筒よりもずっと長い口吻をもつチョウ目が花から吸蜜する場合、体が葯や柱頭に触れる面積が小さいため、あまり花粉がつきません。特にスズメガの仲間は、花に着地することなく、ホバリング（空

162 アリは厄介な存在？
送粉を行なううえでは厄介なアリですが、じつは多くの植物種が、花外蜜腺（花以外の場所から蜜を分泌する器官）から蜜を分泌することでアリを呼び寄せて、植食性昆虫の食害から身を守ってもらっています。植物とアリの関係は多様なので、花にとって厄介なアリが、総合的に見ればその花を咲かせている植物にとって厄介とは限らない、というのが、ややこしくも、面白いところです。

163 苞
花や花序の基部にあって、それらを覆うようにしてある葉のこと。

中での静止飛行）しながら細長い口吻を蜜源に挿入できるので、花筒の短い花から吸蜜するときには、体がほとんど花に触れません。蝶や蛾を主要な送粉者としている花が多いのも事実ですが、それ以外の花にとっては、スズメガをはじめとした口吻が長いチョウ目は、招かれざる客（盗蜜者）なのです。

　これまで紹介してきたタイプの盗蜜と比べると、いささか乱暴とも思えるやり方をする盗蜜者も知られています。それは、花筒の横に顎《あご》（または嘴）を使って穴を開け、そこから花蜜を吸うやり方です。これまで紹介してきた、花の破壊を伴わないタイプの盗蜜行為を「窃盗型盗蜜（または泥棒型盗蜜）」というのに対し、このタイプの盗蜜を「強盗型盗蜜（または略奪型盗蜜）」といいます。強盗型盗蜜は、訪花者の口吻が花筒よりも短い場合に行なわれます。

　じつは、強盗型盗蜜を自力で行なうことができる訪花者は限られていて、私が知る限りでは、**クマバチ**★164の仲間と**一部の短舌種マルハナバチ**★165、一部の鳥類訪花者からしか報告されていません。しかし、彼らが開けた穴を利用して盗蜜を行なう行為は、ミツバチや他の多くのハナバチ種を含む、さまざまな訪花者種で観察されています。自力で行なう強盗型盗蜜を「一次盗蜜」、一次盗蜜によって開けられた穴を利用して行なわれる盗蜜を「二次盗蜜」といいます。二次盗

164クマバチ　体長が2センチメートルを超える大型のハナバチ。クマバチが頻繁に訪花する花は、花筒が丈夫で、簡単には穴が開けられないようなものが多く見られます。

165一部の短舌種マルハナバチ　日本では、オオマルハナバチやクロマルハナバチなど、オオマルハナバチ亜属に属するマルハナバチたちが、自力で花筒に穴を開けて強盗型の盗蜜を行なうマルハナバチとして知られています。ただし、強盗型盗蜜を行なうマルハナバチたちも、花筒の短い花を訪れたときには、盗蜜を行なわず、

◉アベリアの花のつけ根に穴を開けて強奪型の盗蜜をするクロマルハナバチ

蜜を行なう訪花者にとって、一次盗蜜を行なう訪花者は、利用可能な餌資源を新たに創出してくれるような存在だといえるかもしれません。

花の正面から採餌をします。つまり同じ種類の訪花者であっても、訪れる花の種類によって送粉者にも盗蜜者にもなるのです。

送粉者の捕食者

花にやってくる虫を捕食するために花で待ち伏せをする**蜘蛛**★166（くも）や、カマキリなどの捕食者も、植物の利益を損なう訪花者だといえます。なぜなら、このような捕食者た

166 蜘蛛　ハナグモ科やカニグモ科の蜘蛛には、花の上で待ち伏せするものが多く知られています。多くの場合、彼らは保護色で花にうまく溶け込んでいるので、簡単には見つかりません。しかし注意して探せば、じつはあちこちの花に潜んでいることに気がつきます。

◉花の上でハナバチを捕食する蜘蛛

ちが花にいると、送粉者になりえた他の訪花者が、その花を避けるようになりますし、なにより、送粉者が捕食されてしまえば、その花から持ち出されるはずだった花粉が持ち出されないことになるからです。つまり、花にいる捕食者も、盗蜜者と同様、間接的に植物の利益を損なう可能性がある訪花者だといえます。

ハナアブの仲間には、花に着地する前にホバリングしながらためらいがちに花の様子を観察している素振りを見せるものがあります。横井智之さん（筑波大学）と藤崎憲治さん（京都大学）の研究によれば、この「ためらい行動」は、花に捕食者がいないかを確認しているのだということです。この行動のさなかに捕食者を見つけたハナアブは、その花から飛んでいってしまいます。

花や訪花者を観察していると、花の上で捕食者に捕らえられて食べられている訪花者を頻繁に見かけます。花で待ち伏せする捕食者たちが送粉に及ぼす影響は、決して小さくないのだと思われます。

利益を損なう訪花者から利益をもたらす送粉者まで

ここまで、花食者や盗蜜者、花で待ち伏せをする捕食者たちのことを、「植物の利益を損なう訪花者」として紹介してきました。しかし実際には、こうした訪花者たちも、花から花へ移動する際に、（偶発的かもしれませんが）ある程度の送粉を行なうことがあります。このため、彼らが本当に植物の利益を損なう存在なのか、じつは植物に利益をもたらしているのか、判断するのが難しい状況もしばしば見られます。

例えば、花で他の訪花者を捕食するために待ち構えている狩りバチや寄生バチ（スズメバチやヒメバチなど）は、狩りをするだけでなく、しばしば花蜜を採餌したり、花と花の間を移動したりします。彼らは、ハナバチやハエ類など、他の送粉者を減らすため、一般的には送粉量を減らしてしまう存在だと思われがちです。しかし、他の送粉者が行なうはずだった分の送粉を肩代わりしている可能性もあります。もしそうなら、彼らは植物にとってプラスにもマイナスにもなり得る存在ということになります。もしかしたら、他の送粉者が少ないときには、**彼らは貴重な送粉者**★167として機能しているのかもしれません。

似たようなことは、花食者（種子食者を含む）にもいうことができます。例えば、ニワトコ（スイカズラ科）の花には、その子房に産卵するために、**ケシキスイ**★168という小さな甲虫が群がります。ニワトコの花にはハエ類も散発的にやってきます。ニワトコにとっては幼虫が種子を食べてしまうケシキスイよりも、ハエ類のほうが送粉者としては優れているかもしれません。にもかかわらず、ニワトコの送粉の多くは、ニワトコの花に来る訪花者のなかで数が多いケシキスイによって行なわれているだろうといわれています。

ニワトコの生産した種子の何割かはケシキスイの幼虫によって食べられてし

167 彼らは貴重な送粉者
狩りバチが主要な送粉者である植物種も少なくありません。

168 ケシキスイ
ニワトコにはクロチビハナケシキスイやキイロチビハナケシキスイが集まることが知られています。

まいます。しかし、食べられずに残る種子のほうが多いため、総合的に見れば、ケシキスイはニワトコの利益に貢献している送粉者といえるのです。

種子食昆虫を送粉者としている植物の例は他にもいくつか知られています。第3章で取り上げた絶対送粉共生は、そのような関係が特殊化したものだといえるでしょう。

盗蜜型採餌を行なう訪花者はどうでしょうか。北海道のエゾエンゴサクには、口吻の長さが異なる複数の種類のマルハナバチが訪花します。このうち、中舌種のエゾコマルハナバチは花の正面から花蜜を吸いますが（正当訪花）、短舌種のエゾオオマルハナバチや外来種であるセイヨウオオマルハナバチは、距に穴を開けて花蜜を吸うことが知られています（盗蜜訪花）。堂園いくみさん（東京学芸大学）たちによって行なわれた研究からは、盗蜜訪花は正当訪花よりも送粉効率が悪くなることが示されています。しかしそれにもかかわらず、盗蜜訪花を行なうエゾオオマルハナバチが訪花者のほとんどを占めていたエゾエンゴサクの集団では、[★169]**盗蜜訪花を妨げる**と、エゾエンゴサクの種子生産数が減ってしまうことが、笠木哲也さん（鳥取環境大学）と工藤岳さん（北海道大学）の研究によって示されています。一般に盗蜜型の採餌をする訪花者は、正当訪花を行

169　盗蜜訪花を妨げる　エゾエンゴサクの距の部分にストローをかぶせて穴を開けられないようにした実験です。この処理により、エゾオオマルハナバチはエゾエンゴサクから盗蜜ができなくなり、花序から早く立ち去るようになります。

◉エゾエンゴサク　［写真提供］井田崇氏

なう送粉者を減らしてしまうため、間接的に植物の利益を損なう存在だと考えられています。しかし、この研究は、他の送粉者がほとんどいない状況では、盗蜜型の採餌を行なう訪花者であっても、いないよりはマシな送粉者になることを示しているのです。

　こうしてみると、「植物の利益を損なう訪花者」から「植物の利益に貢献する送粉者」までは、連続的な存在であることがわかります。ある訪花者が植物の利益を損なう存在となるのか、貢献する送粉者になるのかは、その訪花者と植物種の組み合わせや、同じ地域に他にどのような訪花者がいるのかに依存しています。そして、普段は植物にとって邪魔な存在である花食者、盗蜜者、捕食者（そして、そこまで邪魔をしているわけでないけれども、送粉効率が悪い訪花者たち）が、現在その植物が利用している送粉者たちの「予備軍」として機能することがあるのです。現在利用している送粉者が、なにかしらの理由でいなくなったとき、これら予備軍が（暫定的にせよ恒久的にせよ）その植物種の本命の送粉者に繰り上がることがあります。このように、花食者、盗蜜者、捕食者に関しては、一括りに邪魔者だと決めつけることができない複雑さがあるのです。

第 6 章

送粉者を操る植物の戦略

花にやってくる送粉者（訪花者）たちは、自分自身（またはその家族）のために花を訪れているのであって、植物のために花を訪れているわけではありません。このため、いつも植物にとって都合のいい行動をしてくれるとは限りません。

例えば、複数の花が咲いている植物を訪れた送粉者は、多くの場合、同じ株（植物個体）のなかに咲いているいくつかの花を訪れてからその株を立ち去ります。しかし、同じ株のなかで咲いている花が同じ送粉者によって利用されると、**隣花受粉**[★170]が起きる可能性が高くなります。前章でも書いたように、隣花受粉が起きるのは植物にとって好ましくありません。したがって、同じ株の花を連続して訪れてから株を立ち去るという送粉者の行動は、**送粉者の数が十分に多い状況では**[★171]、植物にとって都合の悪いものといえます。

また、野外で送粉者を観察していると、選好性や定花性（第4章）がそれほど顕著ではない送粉者、つまり、異なる植物種の花間をそこそこ頻繁に往来する送粉者を見かけることもあります。こうした行為は同種の植物間の送粉が行なわれる機会を減らしてしまうので、やはり植物にとって都合の悪いものです。前章で紹介した盗蜜や花食なども、植物にとって都合の悪い訪花行動といえるでしょう。

170 隣花受粉　ある花から持ち出された花粉が、同じ株のなかにある別の花の柱頭に付着することで起きる自家受粉のこと（前章参照）。

171 送粉者の数が多い状況では　送粉者が少ない場合にはそんな贅沢はいっていられません。この場合は、（条件次第ではありますが）個々の送粉者にたくさんの花を訪れてもらったほうがまだマシという状況になります。

では、動き回ることができない植物は、ときに都合の悪い行動をする訪花者（送粉者）たちに花粉の行き先をゆだね、手をこまねいていることしかできないのでしょうか。そのようなことはなく、植物には送粉者の行動をある程度は自身に都合よく操作するような性質が進化しているといわれています。この章では、植物がどのようにして送粉者の行動を操作できるのかを見ていきましょう。

花色変化

植物が咲かせる花のなかには、咲いている最中に、花全体、または花の一部の色が変化するものがあります。例えば、東北地方と北海道の亜高山帯から高山帯にかけて生育するウコンウツギ（スイカズラ科）という植物では、花弁の模様である蜜標（ネクターガイド）の色が、黄色から赤色にはっきりと変化します。一方、同じスイカズラ科の、庭園樹として植栽されることもあるハコネウツギの場合、花全体の色が白色から赤紫色に変化します。山梨大学の鈴木美季さんたちがまとめた集計によれば、咲いている最中に色が変化する花は、少なくとも76科487種もの植物種で報告されているとのことです。

◉ウコンウツギの花色変化（左が花色変化する前の若い花、右が花色変化後の古い花）

◉ハコネウツギの花色変化（白が花色変化する前の若い花、赤紫が花色変化後の古い花）［写真提供］大橋一晴氏

ほとんどの場合、こうした花色変化は送粉と受粉を終えた古い花で起こります。つまり、花色変化が見られる植物は、送粉と受粉が終わった古い花を、わざわざ色を変えて維持していることになります。古い**花を維持するのにはコスト**[★172]がかかるはずなのに、なぜこのようなことをするのでしょうか。

じつは花色変化とは、古い花を維持することで**花序**[★173]や株全体を目立つようにしつつ、古い花に送粉者が行かないようにしている戦略だと考えられているのです。

まず、古い花を萎《しお》れさせずに維持すれば、株全体を目立たせることができ、より多くの送粉者を惹き寄せることができます。しかし、もし株にやってきた送粉者たちが古い花まで訪れれば、**送粉者に付着していた花粉**[★174]が、古い花に付着して無駄になってしまいます。そこで、訪れてほしくない古い花の色を変えることで、その花が報酬をもたない、訪れる価値がない花であることを、送粉者にわかりやすく伝えているのではないか、というわけです。事実、この考えを裏づけるように、花色変化について調べた複数の研究からは、花序にやってきた送粉者は色の変化した花をほとんど訪れていないにもかかわらず、色の変化した古い花を取り除くと、花序にやってくる送粉者が減ってしまうという結果

172 花を維持するコスト
花の呼吸によって消費されるエネルギーや水のこと。咲いているあいだ花蜜を分泌しつづける花の場合は、花蜜の生産も花を維持するコストになります。

173 花序
同一（または近傍）の枝上についている花の集まりのこと。

174 送粉者に付着していた花粉
他の株で付着してその株に持ち込まれた花粉や、同じ株のなかで咲いていた別の花で付着して外に持ち出されるはずだった花粉。どちらも無駄にし

が報告されています。

花色変化にはさらなる役割があると考える研究者もいます。例えば、井田崇さん（奈良女子大学）と工藤岳さん（北海道大学）は、ウコンウツギで行なった研究で、花色変化した花を含む花序を訪れた送粉者（マルハナバチ）は、その花序を早く立ち去る傾向があることを示しました。この章の冒頭で書いたように、送粉者が同じ株に長く滞在して多くの花を訪れると、隣花受粉が起きやすくなってしまいます。こうしたことから井田さんと工藤さんは、花色変化には、送粉者をその株から早く立ち去らせ、隣花受粉を減らす効果もあるのではないかと推測しています。

また、牧野崇司さんと大橋一晴さん（筑波大学）は、花色変化には、送粉者に同じ株を再び訪れる気にさせる役割もあるのではないかと考えています。送粉者にとっては、訪れた株のなかでどの花に報酬があってどの花にないのかがわかりやすいというのはメリットがあることです。それがわかりにくい株では、効率的な採餌ができないからです。このため、報酬のない古い花の色を変えずに維持している株を訪れた送粉者は、その株を再び訪れようとはしないけれど、報酬のない古い花の色を変えて維持している株を訪れた送粉者は、その株の場所を覚えて、またやってきてくれるのではないかというのです。牧野さんと大橋さんは、プラスチックでつくった人工花とマルハナバチを用いた実験で、このアイディアを支持する結果を報告しています。花色変化とは、植物が正直にどの花に報酬がないのかを送粉者に示すことで、送粉者に避けられないようにするための戦略でもあるのかもしれません。

　このように、一部の植物に見られる花色の変化は、**送粉者の行動を自身に都合のいいように操作**★175するための植物の戦略だと考えられているのです。

花蜜量の調整

花蜜は、多くの送粉者にとって花を訪れる目的そのものです。このため花蜜の分泌量や、株内における花蜜の分布パターン（株のなかのどの花に花蜜が多くどの花に少ないのか）は、その株を訪れた送粉者の行動に大きく影響します。こうしたことから、植物は花蜜の分泌量を調整することで、送粉者の行動を自身に都合のいいように操作できるのではないかと考えられています。

　具体的には、花蜜は送粉者の行動にどのような影響を及ぼすのでしょうか。

175 送粉者の行動を操作
ただし、報告されている花色変化のすべてが、送粉者の行動を操作する戦略として進化してきたと考えられているわけではありません。例えば、ヨーロッパの高山帯から極域に生育するキンポウゲ科の *Ranunculus glacialis* という植物では、それぞれの株が通常花を1個しかつけないにもかかわらず、花色の変化（白→褐色）が見られます。花が1個しかないのであれば、その花が古くなった後に送粉者の行動を操作しても意味はありません。本文にも登場した井田さんがノルウェーで行なった研究によれば、この花色変まず、鳥類やマルハナバチのように学習能力が高い送粉者の場合、花蜜の分泌量が多い株の場所を覚えて、繰り返しその株を訪問するようになることが知られています。つまり花蜜量が多いと、学習能力が高い送粉者の訪問が増加します。しかし花蜜量が多いと、送粉者は花や株からなかなか立ち去らなくなりま す。その結果、同花受粉や隣花受粉（どちらも自家受粉）が起こりやすくなってしまいます。一方、花蜜が少ない株を訪れた送粉者は、この植物種の花には報酬が少ないのだと思って異なる植物種に飛んでいってしまうか、この付近の花には報酬が少ないのだと思い、遠くへ飛んでいってしまうことがあります。そうなれば、せっかく持ち出された花粉が同種の花に運ばれる機会が減ってしまいます。株内の花蜜量にばらつきがあると、送粉者はその株から早く立ち去るようになるという報告もあります。

このように花蜜量に関しては、送粉者の行動に対する影響の仕方が込み入っているため、多いほうがいいのか少ないほうがいいのか、一概にいえません。そもそも分泌される花蜜量は、その時々の光合成量（つまり稼ぎ）や、光合成器官（葉）と花の距離など、さまざまな要因の影響を受けて決まるという研究報告もあります。とはいえ、それぞれの植物種に見られる花蜜量や花蜜量の分布パ

化には、受粉の終わった花を太陽の光で温めて、種子の発達を促す効果があるとのことです。

ターンのうち、少なくともいくらかは、送粉者の行動をその植物にとって都合よく導くよう進化した結果なのだと考えられているのです。

大きくて目立つ花

大きくて目立つ花は、よりたくさんの送粉者を惹きつけることができます。それだけでなく、大きくて目立つ花には、送粉者を株から早く立ち去らせ、隣花受粉を軽減する機能もあるかもしれません。私がカナダの**カルガリー大学**★176に在籍していたときに行なった実験を紹介します。

紹介するのは、ロッキー山脈の麓に生育している、オオヒエンソウ属（キンポウゲ科）の2種（*Delphinium bicolor* と *Delphinium glaucum*）を対象にした実験です。どちらの植物種も、ひとつの株のなかで同時に複数の花を咲かせるため、送粉者（マルハナバチ）は、株のなかで複数の花を訪れることができます。私は、花びらの大きさが送粉者の行動に与える影響を調べるため、集団のなかからいくつかの株を選び、それらの株のなかで咲いている**すべての花の花被片**★177をハサミで切って小さくしてみました。

176 カルガリー大学　私が30代前半だったころ、2年間在籍させてもらったカナダの大学です。送粉生態学の第一人者であるLawrence D. Harder博士のもとで、非常に楽しく研究させてもらいました。ここで紹介した研究も彼のもとで行なったものです。

177 すべての花の花被片を　オオヒエンソウ属の花では、花弁のように見えて送粉者の誘引を担っているのは萼片《がくへん》です。したがって、ここで花被片と書いているのは、花弁のように見える萼片のことです。

◉*Delphinium bicolor*（左）と *Delphinium glaucum*（右）

すると予想どおり、花被片が小さくなって目立たなくなった株では、訪れる送粉者の数が減ってしまいました。しかしその代わり、1匹1匹の送粉者が同じ株のなかで訪れる花の数は増加したのです（**図6・1**）。なぜこのようなことが起きたのでしょうか。ヒントは、送粉者たちの花蜜を巡る競争にあります。

まず、個々の花の花被片が大きい株は目立ちます。このため、多くの送

図6.1　花被片を半分に切除した実験の結果
花被片をハサミで切って小さくすると、花序を訪れる送粉者が減る代わりに、1匹1匹の送粉者が同じ株のなかで訪れる花の数が増加します。

粉者がやってきます。その結果、送粉者個体間の花蜜を巡る競争が激しくなり、個々の花のなかに残っている花蜜の量が、少ない状態で維持されるようになります。このような報酬の少ない花ばかりをもつ株を訪れた送粉者は、早く株を立ち去ることになります。一方、個々の花の花被片が小さくなった株はあまり目立たないため、それほど多くの送粉者はやってきません。そのため、花蜜を巡る競争が緩和され、花のなかにある花蜜の量が、いくらか多い状態で維持されるようになります。そのような株を訪れた送粉者が、より多くの花を訪れてから株を立ち去るようになった、というわけです。

この結果は、複数の花が同時に咲くような植物では、大きくて目立つ花をつければ、より多くの送粉者を呼び寄せることができるだけでなく、送粉者を株から早く立ち去らせ、隣花受粉を軽減できることを意味しています。「たくさん来てほしい、だけどなるべく早く立ち去ってほしい」という植物のジレンマを解消する、うまい戦略だと思うのですが、いかがでしょうか。

複雑な花

アキギリやキバナアキギリ★178の花には面白い仕掛けがあります。長い花筒の奥に花蜜を隠しもっているのですが、花筒の入り口が仮雄しべ（花粉のない雄しべ）で塞がれているのです。花にやってきた送粉者（主にマルハナバチ）は、仮雄しべを押さないと、花蜜を吸うために花筒のなかへ入っていくことができません。じつはこの仮雄しべは、花粉をもつ雄しべと繋がっています。このため、送粉者が仮雄しべを押すと、上側の花弁に隠れていた雄しべが下のほうに降りてき

178 アキギリとキバナアキギリ
アキギリは北陸から中国地方にかけて、キバナアキギリは本州・四国・九州にかけて広く分布するシソ科の植物です。どちらも、山地の木陰に生育しています。花のつくりは非常に似ていますが、アキギリの花が濃い紫色なのに対し、キバナアキギリの花は淡い黄色です。

ます。このとき、送粉者の背中に花粉がこすりつけられるのです。

この仕掛けは、花粉のある雄しべを花弁の目立たないところに隠しておくことで、花粉を食べられてしまうのを防ぎ、かつ、送粉者の体の決まった場所に花粉をこすりつけるのを可能にする仕組みとして進化してきたと考えられてい

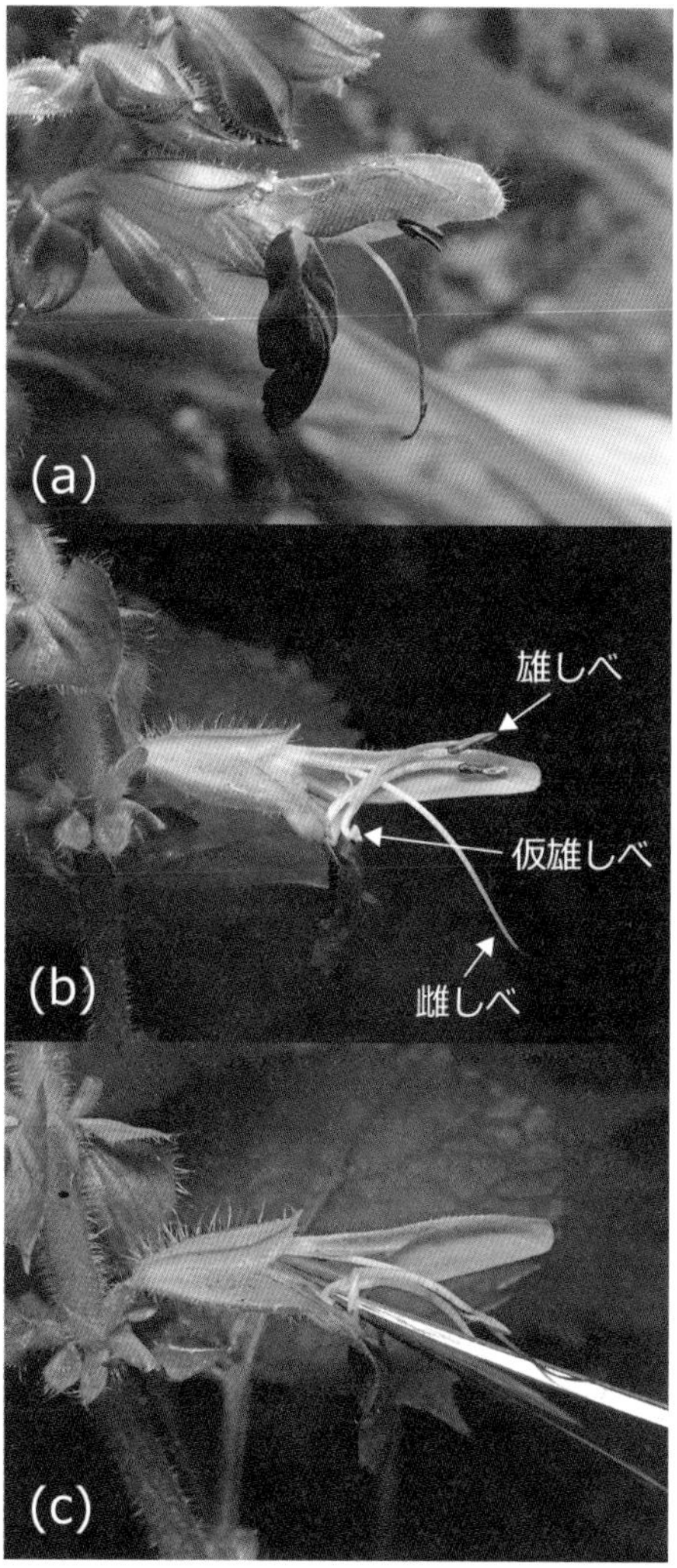

◉アキギリの花の仕掛け
(a)は花の外観、(b)は花筒の内部がわかるように花冠を半分に切ったもの、(c)は仮雄しべを押したところです。仮雄しべを押すと、上唇弁（上方の花弁）に隠れていた雄しべが、下のほうに降りてくるのがわかります。

ます。

筑波大学の大橋一晴さんは、この仕掛けにはさらなる役割があるのではないかと提案しています。それは、送粉者を花序から早く立ち去らせ、隣花受粉を減らす役割です。送粉者にとって、仮雄しべを押して花筒に潜り込むという作業は、それなりに労力がかかります。そして大橋さんによれば、個々の花の採餌に労力がかかるときには、送粉者は早く花序を立ち去るようになるというのです。どういうことなのでしょうか。

送粉者が花序内で複数の花を採餌すると、次第にすでに訪れた花（つまり花蜜を吸い終わった花）を再び訪れてしまう確率が高くなっていきます。これは、花序内でどの花を訪れたのかを、送粉者がすべて覚えていられるわけではないからです。このため送粉者は、花序内のすべての花を訪れる前のどこかの段階で、その花序を立ち去るのがいいということになります。このとき、個々の花の採餌にあまり労力がかからないのであれば、同じ花を再び訪れてしまっても、送粉者にとって大したことではありません。しかし、個々の花の採餌にそれなりの労力がかかるのであれば、それは送粉者にとって労力の無駄遣いです。このため、個々の花の採餌に労力がかかるときほど、送粉者は早く花序を立ち去るようになるだろう、というわけなのです。

この考えを検証するため、大橋さんはキバナアキギリの花から、仮雄しべの仕掛けを取り除く実験をしました。すると、すべての花から仕掛けを取り除いた花序では、予想どおり、マルハナバチはより多くの花を連続して訪れてから花序を立ち去るようになったのです。

この結果は、植物が花の構造を通じて、送粉者の花序内行動を（少なくともある程度は）操作できることを示しています。多様な花の形が進化してきた背景を考えるうえで、興味深い結果ではないでしょうか。

花序の構造

ネジバナという植物をご存じでしょうか。名前の由来である、捻《ね》じれた花序をもつラン科の植物で、公園の芝生などでもよく見かけます。このネジバナ、よく見るとほとんど捻じれていない花序から、捻じれが強すぎて、かえって捻じれているのかわかりにくくなっている花序まで、花序の捻じれ具合がさまざまであることに気がつきます。

◉捻じれ具合が異なるネジバナの花序

神戸大学の岩田達則さんと丑丸敦史さんたちは、この違いを利用して、花序のなかで花がどのように配置されているのかが、送粉者の行動にどのように影響するのかを調べました。

その結果、捻じれ具合の弱い花序ほど多くの送粉者（ハナバチ）が訪れる一方で、そのような花序ほど、ハナバチ各個体による花序内での連続訪花数が増加していることがわかりました。ハナバチの仲間には、花序を下から上に向かって訪花していく傾向があります。捻じれが強い花序を訪れたハナバチは、いくつかの花をスキップして上の花に到達し、そのまま他の花序へと飛び立ってしまうようです。そして、捻じれが強い花序は、花がばらばらの方向を向いているために、送粉者から、やや目立ちにくくなっているようです。つまり、捻じれが弱いほうが多くの送粉者を集めることができますが、捻じれが強いほうが隣花受粉は減らせるようなのです。

岩田さんたちはこの結果をもとに、ネジバナ集団にいろいろな捻じれ具合の花序が混在しているのは（つまり捻じれの変異が集団から排除されないのは）、捻じれ具合が及ぼす効果にこのようなジレンマがあるためかもしれないと推察しています。

岩田さんたちの研究は、花序の構造が送粉者の行動に影響し、ひいては植物の繁殖成功に影響しうることを示したものです。私自身も、北海道大学でポスドクをしていた時代に、工藤岳さん（北海道大学）と平林［城坂］結実さん（美幌博物館）と一緒に、人工花（プラスチックでつくった花）でいろいろな形の花序をつくって、マルハナバチをその花序に訪問させる実験をしたことがあります。このときにも、花序の構造によってマルハナバチの訪問頻度や花序内での連続訪花数には違いが見られました。花序の構造が送粉者の行動に影響するのは間違いありません。

これらの研究は、植物に見られる多様な花序形態の少なくとも一部は、送粉者の行動を制御する形質として進化してきた可能性を示唆しています。ただし実際のところ、実在する植物の花序構造にどのくらい送粉者の行動を制御する機能があるのかについては多くの研究例があるわけではなく、詳しいことはまだよくわかっていません。植物種によって異なる花序構造のうち、どの部分が送粉者の行動を操作するために進化してきた構造なのか、この疑問に答えるには、今後の研究を待つ必要がありそうです。

まとめ

ここまで、花色変化、花蜜量、花の仕掛け、花弁の大きさなど、さまざまな花の形質が送粉者の行動を操作する戦略として進化してきた可能性を取り上げてきました。

花や花序のあらゆる形質が送粉者の行動に影響することを念頭に置けば、ここで取り上げたものだけでなく、**花や花序のあらゆる形質**[★179]が、送粉者の行動を操作するように進化してきた可能性があります。

植物は自分自身では動き回ることができない存在ですが、動き回ることができる送粉者をそれなりに操作しつつ利用しているのです。

179 花や花序のあらゆる形質
ここでは紹介しきれませんでしたが、花の咲く向きや、蜜標（ネクターガイド）などの花の模様、同時に咲かせる花の数なども、送粉者の行動を操作する植物の形質に挙げられます。同時に咲かせる花の数を介した、植物による送粉者行動の操作は、私の博士課程でのテーマのひとつでした。

第 7 章

送粉系群集

ある一定の区域内に生息している生物種の個体群すべてをひっくるめたものを「生物群集」（あるいは単に群集）といいます。そして、生物群集のなかから送粉者とか植物種といった特定の生物グループを抜き出したものは、「送粉者群集」（送粉動物群集）とか「植物群集」というように呼びます。この本では、生物群集のなかから、送粉者と動物媒植物種を抜き出したものを、「送粉系群集」という言葉で表します。

群集を構成する生物種たちは、同じ群集のなかにいる他のすべての生物種たちと、直接的、または間接的に関わり合いをもちながら生活しています。このため、生き物たちの営みを理解するためには、彼らの営みを**群集規模の視点から見る**[★180]ことも必要です。この章では、そのような視点から送粉者と植物の関係を見ていきます。

180 群集規模の視点から見る
こうした視点に立った学問を「群集生態学」といいます。

送粉者群集の違いが植物群集に与える影響

各地域の生物群集は、気候などの環境要因、地域の歴史的な背景（地史）を反映して成立しています。つまり、熱帯には熱帯、温帯には温帯に特徴的な生物群集が成立し、似たような気候帯であっても森林には森林、湿原には湿原に特徴的な生物群集が成り立っています。他の地域から歴史的に長く隔離されてきたオーストラリアやガラパゴス諸島のような地域では、他の地域では見られないような、独自性の高い生物群集が形成されています。

生物群集の部分集合である送粉者群集も同様で、その種組成は、気候やその他の環境要因、地域の歴史的な背景を反映しています。例えばツンドラや高山帯のような冷涼な地域では、送粉者群集に占めるハエ目送粉者の割合が、他の地域に比べて高いことが知られています。鳥類やコウモリのような脊椎動物の送粉者は亜熱帯から熱帯にかけてはよく見られますが、★181**寒冷な地域にはあまりいません**。ハチ目送粉者に関していえば、ユーラシア大陸やアフリカ大陸で数多く見られるミツバチは、人間が持ち込むまではオーストラリアやニュージーランド、南北アメリカ大陸にはいませんでした。同様に、ユーラシア大陸や北アメリカ大陸で多く見られるマルハナバチも、人間が持ち込むまではオーストラリアやニュージーランド、サハラ砂漠以南のアフリカ大陸には生息していませんでした。これは、ユーラシア大陸のどこか（おそらくアジア東部）に起源をもつミツバチやマルハナバチが、海や砂漠を越えてそれらの地域に自力ではたど

181 寒冷な地域にはあまりいません
ただしハチドリには、夏にカナダの亜寒帯まで、メキシコ付近から渡ってくるものがいます。

り着けなかったためです。ユーラシア大陸のなかでは、低緯度地域にはミツバチやハリナシバチ、中緯度の乾燥地域には**単独性のハナバチ**★182、高緯度の冷涼な気候帯にはマルハナバチの仲間が多い傾向があります。火山活動によって誕生し、その後、他の地域と陸続きになることがなかった海洋島は、概して大陸から離れているほど送粉者の多様性が低く、大陸や**大陸島**★183とは異なる送粉者群集が築かれていきます。このように、地域ごとに送粉者群集の組成は大きく異なっているのです。

では、こうした地域間の送粉者群集組成の違いは、植物群集にどのような影響を与えているのでしょうか。**私たちが行なっている研究**★184を通じて、このことについて考えてみましょう。紹介するのは、モンゴルの半乾燥草原（ホスタイ国立公園）、長野県菅平高原の半自然草原、富山県立山の高山帯、スウェーデンの亜高山帯と高山帯（アビスコ国立公園）、そしてニュージーランドの高山帯（サザンアルプス）で、送粉者群集の組成と、植物群集内に見られる花形質（色や形）の組成を比較した研究です。

まず、**図7・1**の上段を見てください。これは、調査した6地域の送粉者群集の組成を大まかに示したものです。これを見ると、他の5地域に比べ、ニュージー

182 単独性のハナバチ　社会性をもたないハナバチのこと（第2章）。

183 海洋島と大陸島　大洋上にあって、過去に大陸と地続きになったことがない島を海洋島というのに対し、過去に大陸と接したことがある（もともとは大陸の一部であった）島のことを大陸島といいます。小笠原諸島やガラパゴス諸島などは海洋島で、本州や北海道、四国、九州などは大陸島です。

184 私たちが行なっている研究　私の研究室の大学院修了生である久保田将裕さん（担当：ニュージーラ

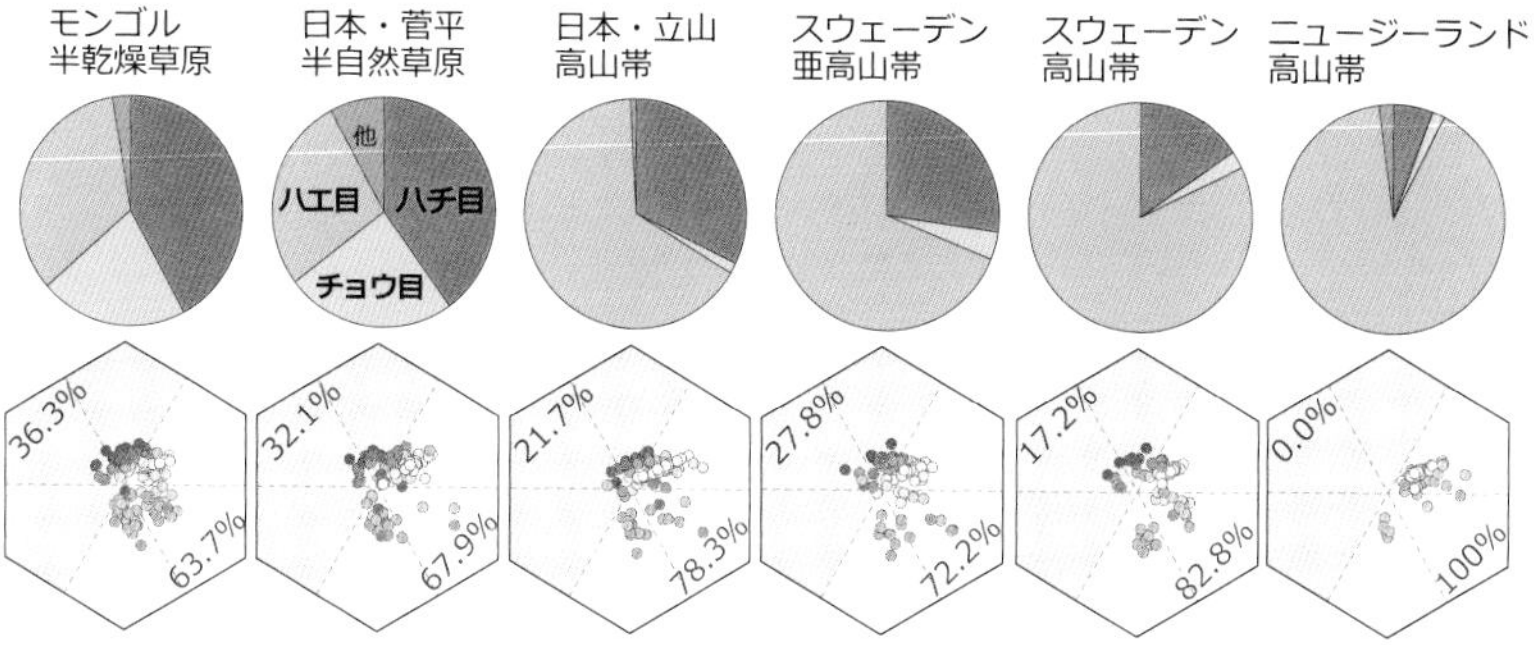

▶図7.1　各調査地における送粉者の組成と花色組成
上段の円グラフは各調査地の送粉者の組成を表したもの。下段の六角形は花の色をハチ目の色覚で評価するための図「ビーカラーヘキサゴン」に、各植物種の花色をプロットしたものです。ビーカラーヘキサゴンでは、六角形の中心からの方位がハチ目の色覚で見たときの色相（赤、青、黄といった色の種類）を、中心からの距離がハチ目の色覚で見たときの彩度（色の鮮やかさ）を表しています。ビーカラーヘキサゴンの中の数字は、ビーカラーヘキサゴンを左上と右下の領域に2分割したときに、それぞれの領域に含まれる植物種数の割合を表したものです。各点の色は、各植物種の花色がヒトにとってどのような色に見えるのかを表しています。これらの図から、植物群集の花色の組成が、地域の送粉者群集の組成と対応関係にあることが読み取れます。

ンドと立山）、角屋真澄さん（スウェーデンと菅平）、渡邉裕人さん（モンゴルと菅平）、辻本翔平さん（すべての調査地）が、北海道大学の工藤岳さんや神戸大学の丑丸敦史さんの研究グループと協力して行なってきた研究です。

ランドの高山帯は送粉者群集のほとんどがハエ目で占められていることがわかります。これは、ニュージーランドが約８０００万年前に**ゴンドワナ大陸**[185]から分離してから他の地域と陸続きになることがなかったので、**ヒトが持ち込むまでは**[186]社会性のハナバチ種が存在しておらず、単独性のハナバチ種もわずかな種しか生息していないためです。一方、立山の高山帯や、スウェーデンの亜高山帯と高山帯は、ニュージーランドに比べればハチ目送粉者の割合が多いのですが、冷涼な気候を反映し、ハエ目の割合が比較的多い組成をしています。そして、モンゴルの半乾燥草原や菅平高原の半自然草原は、ハエ目だけでなく、ハチ目やチョウ目も多い組成をしています。このように送粉者群集の組成は、地域間で大きく異なっていました。

次に、**図7・1**の下段を見てください。これは「**ビーカラーヘキサゴン**」[187]といって、花の色をハチ目昆虫の色覚で評価するための図です。ビーカラーヘキサゴンのなかのひとつひとつの点は、各植物種の花の色をプロットしたものです。詳しい説明は省きますが、ビーカラーヘキサゴンでは、六角形の中心からの方角がハチ目の色覚で見たときの色相（赤、青、黄といった色の種類）を、六角形の中心からの距離がハチ目の色覚で見たときの彩度（色の鮮やかさ）を表しています。

185 ゴンドワナ大陸
中生代ジュラ紀から白亜紀にかけて南半球に広がっていた大陸。現在のオーストラリア、インド、アフリカ（とアラビア半島）、マダガスカル、南アメリカ、南極はこの大陸に由来しています。

186 ヒトが持ち込むまでは
ニュージーランドの高山帯は、今でも送粉者群集の多くがハエ目昆虫で占められています。しかし、低〜中標高帯では、ヨーロッパから人為的に導入されたマルハナバチやミツバチが定着し、普通種として飛び回っています。

なお各点の色は、各植物種の花の色が、ヒトからはどのような色に見えるのかを表しています。

これらの図から、植物群集の花色の組成が、地域の送粉者群集の組成と対応関係にあることが読み取れます。具体的には、ハチ目やチョウ目の割合が多い地域（菅平高原やモンゴルの草原）ほど、ビーカラーヘキサゴンの左上半分の領域にプロットされる花色（ヒトの目で見た場合に青や紫となる花色）をもつ植物種の割合が多く、ハエ目の割合が多い地域（ニュージーランドやスウェーデンの高山帯）ほど、右下半分の領域にプロットされる花色（ヒトの目で見た場合に白や黄色となる花色）をもつ植物種の割合が多いという傾向が見られました。

ちなみに、これらの調査地域の間では、ハチ目やチョウ目の割合が高い地域ほど長花筒の花の割合が高く、ハエ目の割合が高い地域ほど短花筒や花筒がない花（皿状花や碗状花）の割合が高いという傾向も確認されています。つまり、送粉者群集の種組成と植物群集の花形質組成との間には、一貫した対応関係が見られたのです。

では、このような対応関係はどのようにして生じたのでしょうか。いくつかの可能性が考えられますが、ここでは主なメカニズムとして、以下の2つを有

187 ビーカラーヘキサゴン（Bee color hexagon）

ドイツの研究者L. Chittkaらが提唱した、ハチ目の色覚に基づいた色度図です。ヒトは、それぞれ420ナノメートル（青）、534ナノメートル（緑）、564ナノメートル（赤）の波長の光に感度のピークをもつ3種類の光受容細胞の反応強度をもとに色を認知しています。これに対しハチ目昆虫は、それぞれ345ナノメートル（紫外）、435ナノメートル（青）、555ナノメートル（緑）付近に感度のピークをもつ3種類の光受容細胞の反応強度をもとに色を認知していま

力な候補として挙げます。

　まず1つ目は、送粉者たちが地域に定着できる植物種を選抜してきた結果、送粉者群集の組成と花形質の組成に対応関係が生じた、というものです。例えば、ハエ目の送粉者が優占している地域では、青や紫の花色をもつ植物種よりも、ハエ目が好む白や黄色の花色をもつ植物種が定着しやすいことが考えられます。逆にハチ目が多い地域では、他の地域よりも青や紫の花色をもつ植物種が定着しやすいでしょう。つまり、送粉者群集の組成に適合した花形質をもつ植物種がその地域では優先的に定着し、それ以外の植物種は群集から排除されることになります。その結果、送粉者群集の組成と花形質の組成に対応関係が生じたのではないか、というわけです。

　2つ目は、その地域に生育する植物種の花の形質が、その地域の送粉者群集の組成に応じて進化してきた結果だというものです。例えば、ハエ目が優占している地域で、多くの植物種の花色がハエ目の色覚や嗜好性に合わせて進化すれば、植物群集の花色組成は白や黄色に偏ったものになると期待されます。事実、リンドウ科やキキョウ科、ムラサキ科といった、他の地域では青や紫の花色をもつことが多い分類群に属する植物種も、何千万年もの間ハエ目が優占し

す。ここでは、ある花で反射された光が、ハチ目の3種類の光受容細胞をどれだけ興奮させるのかを算出し、その値をもとに、その花がハチからどのような「色」に見えているのかを理論的に算出しています。

188　2つのメカニズム
じつは、ここで挙げた2つのメカニズムはどちらも、送粉者群集の組成が植物群集の性質に影響したのだろう、という理屈に基づいていて、逆に植物群集の性質が送粉者群集の組成に影響した可能性は考慮されていません。このように考えたのは、送粉者群集の組成は、その地域の気候条件

ていたニュージーランドでは、白や黄色の花色をもつことが多いようです。これは、もともとは青や紫だったこれら植物種の花が、ハエ目の色覚に合わせて白や黄色に進化してきた結果だと考えれば辻褄が合います。

海洋島に生育する植物種の場合、大陸や大陸島に生育する近縁種（または同種）に比べて、花が小さかったり花筒が短かったりする傾向がしばしば報告されますが、これも、大型の送粉者や長口吻の送粉者が少ない海洋島で、花の形態が送粉者に合わせて進化してきた結果だと考えられています。

ここに挙げた[★188]**2つのメカニズム**のどちらがより重要なのか、現時点でははっきりしたことはいえませんが、このような理由によって、各地域の花形質の組成が地域の送粉者群集の組成と対応づけられることになったのだろうと私は考えています。

このように、送粉者群集の組成の違いは、それぞれの地域の植物群集の成り立ちに影響しているようです。ある地域には鮮やかな花が多い一方で、別の地域には地味な花が多かったとしたら、それは、それら地域間の送粉者群集の種組成の違いを反映しているのかもしれません。

や歴史的背景によっておおむね決定されているように思われたからです。また、送粉者の色覚や大まかな形態が、分類群に依存する形質（進化を通じて変わりにくい性質）であるのに対し、花色や花筒長が、植物の分類群にあまり依存しない形質（進化によって変わりやすい性質）だからでもあります。とはいえ、植物群集の組成が送粉者群集の組成に影響することも起こり得ます。例えば、開発などによる急速な植生の単純化は、送粉者群集の単純化をもたらすと考えられています（植物群集が送粉者群集に影響）。これについては次章で触れます。

送粉ネットワーク

図7・2を見てください。これは、富山県立山連峰の高山帯で、さまざまな種類の送粉者が、どの植物種を利用しているのかを表したものです。線の太さは、観察された送粉者の個体数を反映しています。この図から、送粉者と植物種が、群集のなかで複雑な種間関係の網《あみ》（ネットワーク）を築いているのがわかります。これを「送粉ネットワーク」といいます。

近年、研究者の間では、群集にとって重要度の高い種の把握や、絶滅リスクの高い種の選定に有用として、送粉ネットワークの性質を解析する研究が盛んに行なわれています。こうした研究では、送粉ネットワークを理解しやすくするための**モデル**[★189]を構築したり、それらの性質を表す指標を算出したりすることで、送粉ネットワークの安定性や脆弱性を評価するといった試みがなされています。こうした研究のなかで提唱されているモデルはどのようなもので、どのくらい忠実に送粉ネットワークの本質を反映しているのでしょうか。少し考えてみます。

189 モデル
科学の世界では、理論や考え方を説明するために単純化して表現したものを「モデル」と呼びます。

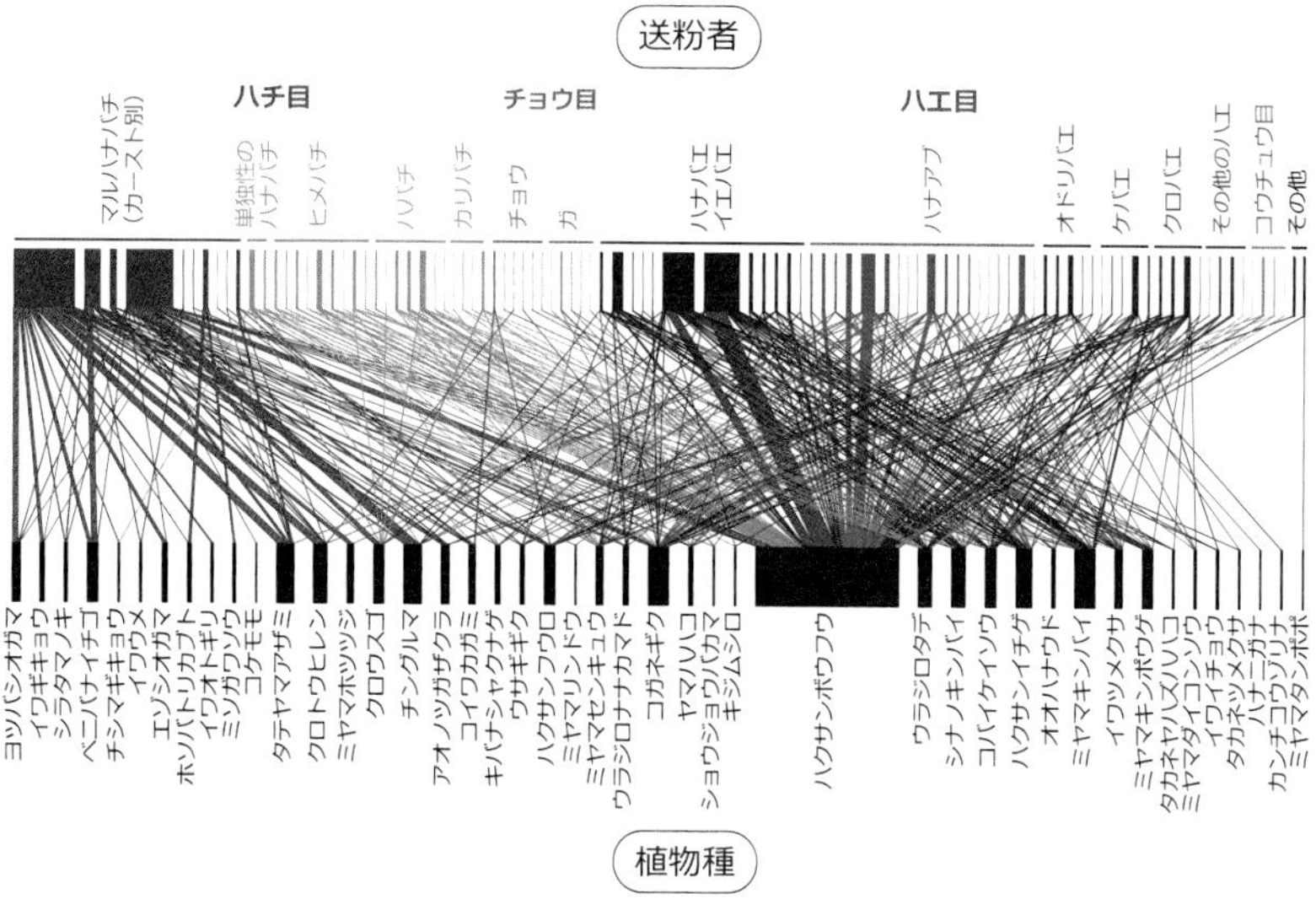

▶**図7.2**　立山高山帯の送粉ネットワーク
富山県立山連峰の高山帯で、さまざまな種類の送粉者がどの植物種を利用していたのかを表したものです。私の研究室の大学院修了生である新庄康平さん、辻本翔平さん、久保田将裕さんが記録した、送粉昆虫約1500匹分の観察データをもとに作成しました。線の太さは送粉者の観察数に比例して描いています。また、送粉者がどの分類群に属するのかに基づいて色分けしてあります。

ネスト構造

送粉ネットワークにかかわらず、生物群集のなかの種間相互作用を記述するモデルとしてよく用いられているものに、ネスト構造（入れ子構造）と呼ばれているものがあります。これは、種間相互作用のネットワークが入れ子関係にあるとするモデルです。これだけではわかりにくいので、図を使って説明します。

まず、**図7・3a**を見てください。これは、完璧なネスト構造をもつ、仮想の送粉ネットワークを描いたものです。第3章でも書いたように、多くの植物種を訪れる訪花者種や、多くの種類の送粉者から訪花を受ける植物種のことをジェネラリスト、少ない植物種を訪れる訪花者種や、少ない種類の送粉者からのみ訪花を受ける植物種のことをスペシャリストと呼びます。**図7・3a**のように、ジェネラリストの訪花者はジェネラリストの植物種ともスペシャリストの植物種とも関係をもつ一方、スペシャリストの訪花者はジェネラリストの植物種とのみ関係をもつような、送粉者と植物種の関係性が見いだされた場合、その群集の送粉ネットワークはネスト構造をしていると見なされます。このモデルのなかでは、ジェネラリスト的な種は、それよりもスペシャリスト的な種がもつ相互

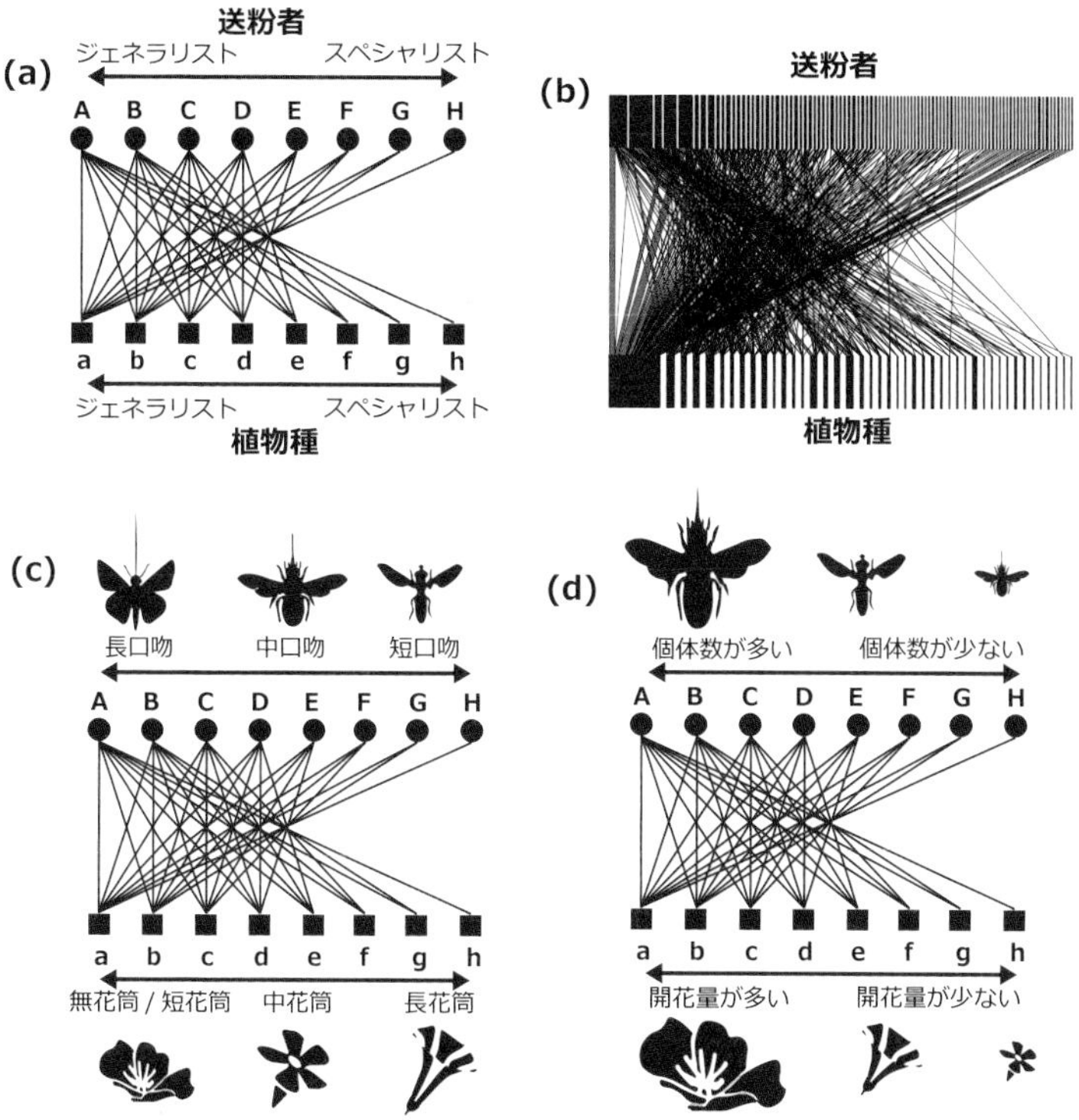

▶**図7.3**　送粉ネットワークのネスト構造
(a)は理想的なネスト構造をもつ仮想の送粉ネットワークを描いたもの、(b)は立山連峰の高山帯の送粉ネットワークを、より多くの種と関係していた種ほど左側にくるように並べ替えて描き直したネットワーク図です。(c)と(d)はネスト構造が生じる原因を説明する図です（詳しくは本文を参照）。

作用を内包する上位互換的な存在と見なされます。ネットワーク内の種間相互作用がどれだけ入れ子的な構造になっているのかは、ネスト度（nestedness）という指標で評価されます。

では、実際の送粉ネットワークはネスト構造をしているといえるのでしょうか。これまでのところ、多くの送粉系群集で、統計的にはネスト構造が認められています。「統計的には」というのは、送粉動物種それぞれが、訪花する植物種をランダムに選んでいると仮定した場合に比べると、偶然に生じたとは説明しがたいくらいには、送粉ネットワークの構造が**図7・3a**のような入れ子的な構造をしていた（つまりネスト度が高かった）、という意味です。**図7・2**で示した立山高山帯の送粉ネットワークも、統計的にはネスト構造をしているという解析結果が得られています。このことがイメージしやすいように、**図7・2**を並べ替えて表したのが**図7・3b**です。この図では、多くの種と関係をもっていた種（つまりジェネラリストとされる種）ほど左側にくるように、送粉動物種と植物種が並べ替えられています。

送粉ネットワークにおけるネスト構造は、どのようなメカニズムで生じるのでしょうか。よくいわれるのは、送粉者の口器と花の形態の関係によるものです。例えば**図7・3c**のように、長口吻の送粉者は無花筒から長花筒の花まで幅広く利用できるのに、短口吻の送粉者は無花筒か短花筒の花しか利用できないとします。この場合、口吻の長い送粉者はジェネラリスト、口吻の短い送粉者はスペシャリストになります。このことを植物側から見れば、花筒の短い花は口吻の長い送粉者も口吻の短い送粉者も訪れるジェネラリスト、花筒の長い花は口吻の長い送粉者しか訪れないスペシャリストということになります。こうしたことが原因で、送粉ネットワークはネスト構造になるのではないか、というのです。

しかし実際のところ、口吻の長い送粉者がジェネラリストで、口吻の短い送粉者がスペシャリストなのかといえば、必ずしもそうではないと私は考えています。たしかに、口吻の短いハナバエやハナアブは、多くの場合、花筒が長い花から上手に採餌をすることができません。このため、彼らは花筒が短い（または花筒がない）花を好んで訪れる傾向があります。しかし、花筒がない花や花筒が短い花も種類は多いので、口吻の短いハナバエやハナアブも、実際にはかなり多くの種類の花を利用しています。また、マルハナバチの場合、長い口吻をもつ種ほど、花筒の長い花ばかりを選んで訪れる傾向が強くなることが報告されています。同様に、口吻が長いスズメガやハチドリの仲間も、花筒の長い特定の植物種を選んで訪花する強い傾向があります。口吻の長い送粉者と口吻の短い送粉者は、どちらがジェネラリストでどちらがスペシャリストというよりは、それぞれが異なる種類の花を使い分けているような関係のようにも思われます。

じつは、多くの送粉系群集で統計的にネスト構造が認められるのは、単に、送粉系群集を構成する送粉動物種の個体数や植物種の開花量に偏りがあるからかもしれない、という指摘もあります（図7・3d）。というのも、個体数が多い送粉動物種や開花量が多い植物種は、そのぶんさまざまな種との関係が観察されるので、ジェネラリスト（多くの種と関係をもつ種）として記載されやすくなるからです。逆に、個体数が少なく観察されにくい種は、さまざまな種との関係が観察される機会がないので、スペシャリストとして記載されてしまう傾向があります。つまり、個々の送粉動物種がランダムに植物を選んでいたとしても、個体数の多い送粉者や植物種がジェネラリストとして記載されやすくなるという数学的なトリックによって、ネスト構造が認められているのかもしれないのです。事実、図7・3bを見るとわかるのですが、立山高山帯の送粉ネットワークでも、観察数の多かった送粉者がジェネラリスト、観察数の少なかった送粉者がスペシャリストとして位置づけられる傾向がありました。このような観察数の偏りの影響を排除した後でも、多くの送粉系群集にネスト構造が認められるかは、まだ議論の余地があります。

というわけで、現時点では私は、ネスト構造モデルは送粉ネットワークを表現するモデルとして、それほど適切ではないかもしれないと考えています。ネスト構造モデルでは、ジェネラリスト的な種はそれよりもスペシャリスト的な種の上位互換的な存在として位置づけられています。このため、スペシャリスト的な種が1、2種絶滅しても、その上位互換的な存在であるジェネラリスト的な種が残っていれば、他の種への影響はあまりないことを予測します。しかし、現実の送粉者たちには、異なる種類の花を排他的に利用するような関係も普遍的に見られます。これは、ネットワークが入れ子関係にあるとするネスト構造の概念とは相容れない現象です。

送粉ネットワークはネスト構造をしているのだといわれることは珍しくありませんが、間違った概念（モデル）による一般化は、保全の方向をゆがめてしまう可能性があるので、慎重な議論が必要だというのが私の意見です。

モジュール構造

種間関係のネットワークを表現するモデルとして、ネスト構造と並んでよく出てくるのがモジュール構造です。これは、群集内の生物種が、種間相互作用の繋がりによって区別できる、いくつかのグループ（モジュール）に分けられるとするネットワークモデルです。**図7・4a**は極端なモジュール構造をもつ仮想の送粉ネットワークを描いたものです。このように、送粉者たちをその訪花傾向でグループ分けしたとき、送粉者グループごとに対応する植物グループを優占的に利用する傾向が見られた場合、その送粉ネットワークはモジュール構造をもつと見なされます。このモデルでは、モジュール内での種間相互作用が、群集全体の種間相互作用のうちどれだけを占めているのかを、モジュール度（modularity）という指標で評価します。

送粉ネットワークはモジュール構造をしているのでしょうか。これまでに行なわれた研究では、多くの送粉系群集で、統計的にはモジュール構造が認められるという結論が得られています。ただしこれは、ネスト構造モデルのときと同様、送粉動物種それぞれがランダムに植物種を選んだと仮定した場合に比べ

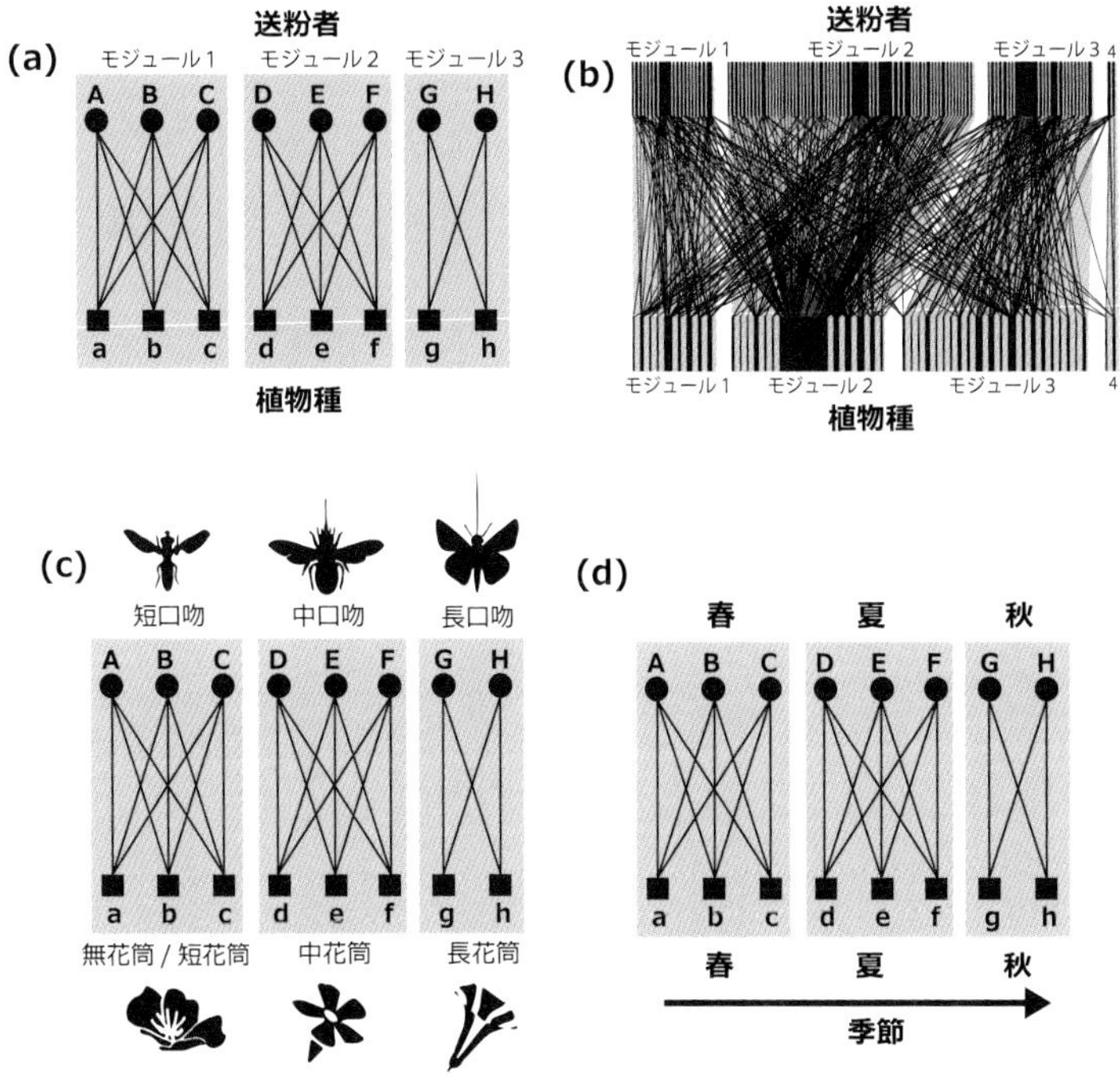

▶図7.4　送粉ネットワークのモジュール構造

(a) は埋想的なモジュール構造をもつ仮想の送粉ネットワークを描いたもの、(b) は立山連峰の高山帯の送粉ネットワークを、あるプログラムを用いてモジュールに分けて表したものです。(c) と (d) はモジュール構造が生じる原因の候補を説明する図です（詳しくは本文を参照）。

ると、偶然そのパターンが現れたとは説明しがたい程度には、ネットワークがいくつかのまとまり（モジュール）に分けられた、という意味にすぎません。ちなみに、立山高山帯の送粉ネットワークも、統計的にはモジュール構造をしていることが認められました。立山高山帯の送粉ネットワークを、あるプログラムを用いてモジュールに分けて表したのが**図7・4b**です。

送粉ネットワークがモジュール構造をもつとすれば、その原因はなんなのでしょうか。まず、第4章でも書いたように、送粉者には口吻の形態や認知能力の違いなどに応じて、異なる形質の花を利用する傾向（選好性）があります。このため、近い分類群に属する送粉者や口吻の形態などが似ている送粉者が、彼らが好む花形質をもつ植物種たちと一緒にモジュールを形成していることは十分に考えられます（**図7・4c**）。事実、送粉ネットワークをいくつかのモジュールに分けて解析したこれまでの研究では、近い分類群の送粉動物種や口吻の長さが近い送粉動物種が、花筒長が近い花をもつ植物種とともに、同じモジュールに含まれる傾向が示されています。また、季節の移り変わりがはっきりしている地域では、活動する季節が同じ送粉者と植物種がモジュールをつくっている、ということもあるかもしれません（**図7・4d**）。このような理由があるため、送粉ネットワークがモジュール構造をしているということは、多くの研究者に受け入れられているようです。

私自身も、モジュール構造はネスト構造に比べ、送粉ネットワークを理解するためのモデルとして適当なものだと考えています。とはいえ、モジュール構造の解釈にも注意が必要であることは警告しておきたいと思います。この解析では、送粉ネットワークの構成員を、重なりのない複数のモジュールにむりやり振り分けています。しかし送粉ネットワークが、本質的に重なりのないモジュールに分けられるような性質をもっているとは限りません。先ほども書いたように、多くの送粉系群集で統計的にモジュール構造が認められているとはいえ、それは、ランダムかモジュール構造かの二者択一のなかでは、モジュール構造をしていると考えるほうが妥当であると判定されたにすぎません。送粉系群集を構成する送粉動物種の花の好みや花の形質は連続的なので、それらを重なりのないモジュールに振り分けることにはそもそも無理があるかもしれないことを認識したうえで、これらの解析結果を解釈する必要があります。

あらためて**図7・4b**を見てみましょう。これを見ると、あるモジュールに振り分けられた送粉動物種であっても、別のモジュールの植物種にかなりの割合で訪花していて、モジュール間の独立性★190は希薄だという印象を受けます。送粉ネットワークに見られるモジュール性というのは、このくらいのものだと捉えておくのが妥当だと私は考えています。

送粉ネットワークの柔軟性

送粉系群集を構成する種の組成は、常に一定というわけではありません。例えば、外来の送粉動物種や植物種の移入が起こると、群集の種組成が大きく変わることがあります。また、開発に伴う農地化や都市化といった人為的な環境の変化は、送粉動物種や植物種の種数を減らし、送粉系群集を単純化するといわれています。そしてその過程で、長口吻送粉者の割合が減ってしまうことが、ヨーロッパをはじめとしたいくつかの地域で報告されています。人間活動の影響がなくても、年ごとまたは季節ごとに、送粉系群集の組成は大きく変わりえます。

このような変化は、送粉ネットワークの構造にどのような変化をもたらすのでしょうか。本州と伊豆諸島の海浜《かいひん》植物群集の送粉系群集を比較した、神戸大

190 モジュール間の独立性
群集内の多くの種と結びついていて、モジュールとモジュールの間を結びつけるような種のことを、ハブ種（hub species）と呼びます。ハブ種は、群集のなかで影響力の大きな種といえるかもしれません。

学の平岩将良さんと丑丸敦史さんが行なった研究をもとに、この問題について考えてみましょう。

海浜植物群集とは、砂浜に好んで生育する海浜植物種によって成り立っている植物群集のことをいいます。一般に、海浜植物種の種子は海水に対して耐性が強く、海流によって長い距離を移動することができます。おそらくこのために、海浜植物群集の種構成には、地理的にかなり広い範囲で共通性が見られます。事実、本州の太平洋側から伊豆諸島各島の海浜植物群集には、多くの共通種が見られます。

これに対し、送粉昆虫の多くは簡単に海を渡ることができません。このため海洋島の送粉者群集の組成は、大陸（または大陸島）から離れれば離れるほど独自性が高くなります。一般的には、大きな面積をもたない海洋島は、送粉者の多様性に乏しく、短口吻の送粉者しか存在しないことが多いといわれています。伊豆諸島も同様で、本州に比べて**長口吻の送粉者が少ない**[★191]ことが知られています。

そこで平岩さんと丑丸さんは、本州と伊豆諸島の海浜植物群集の送粉ネットワークを比較することで、長口吻送粉者の在／不在が、送粉ネットワークにど

191 長口吻送粉者が少ない

例えば伊豆諸島の場合、本州に最も近い伊豆大島を除いて、ハナバチのなかで長い口吻をもつグループである、マルハナバチがいません。

のような違いをもたらすのか検討しました。その結果、短口吻から長口吻まで送粉者がそろっている本州（茨城県と千葉県）の海浜植物群集では、送粉者たちは、おおむねそれぞれの口吻長に合った花筒長をもつ花を利用している一方（図7・5a）、長口吻送粉者が少ない伊豆諸島の島々では、短口吻や中口吻の送粉者の一部が、短花筒や中花筒の花だけでなく、長花筒の花も利用していることがわかりました（図7・5b）。つまり伊豆諸島の島々では、長口吻送粉者の不在によって、短口吻や中口吻の送粉者たちが利用する花のレパートリーが変化していたのです。

異なる種類の花を利用していた口吻長の異なるマルハナバチ種の間にも、じつは花蜜を巡る競争が存在していたという事例を第1章で紹介したのを覚えているでしょうか。そこでは、あるマルハナバチ種がその場所からいなくなると、それまでその種が優占的に利用していた花を、残ったマルハナバチ種が利用するようになる事例を紹介しました。平岩さんと丑丸さんの研究は、同じような現象が群集規模で起きることを示したものだといえます。このことが意味するのは、ある形質をもった種のグループ（この場合は長口吻送粉者たち）が送粉者群集から姿を消すと、他の形質をもった種のグループ（この場合は短口吻送粉者

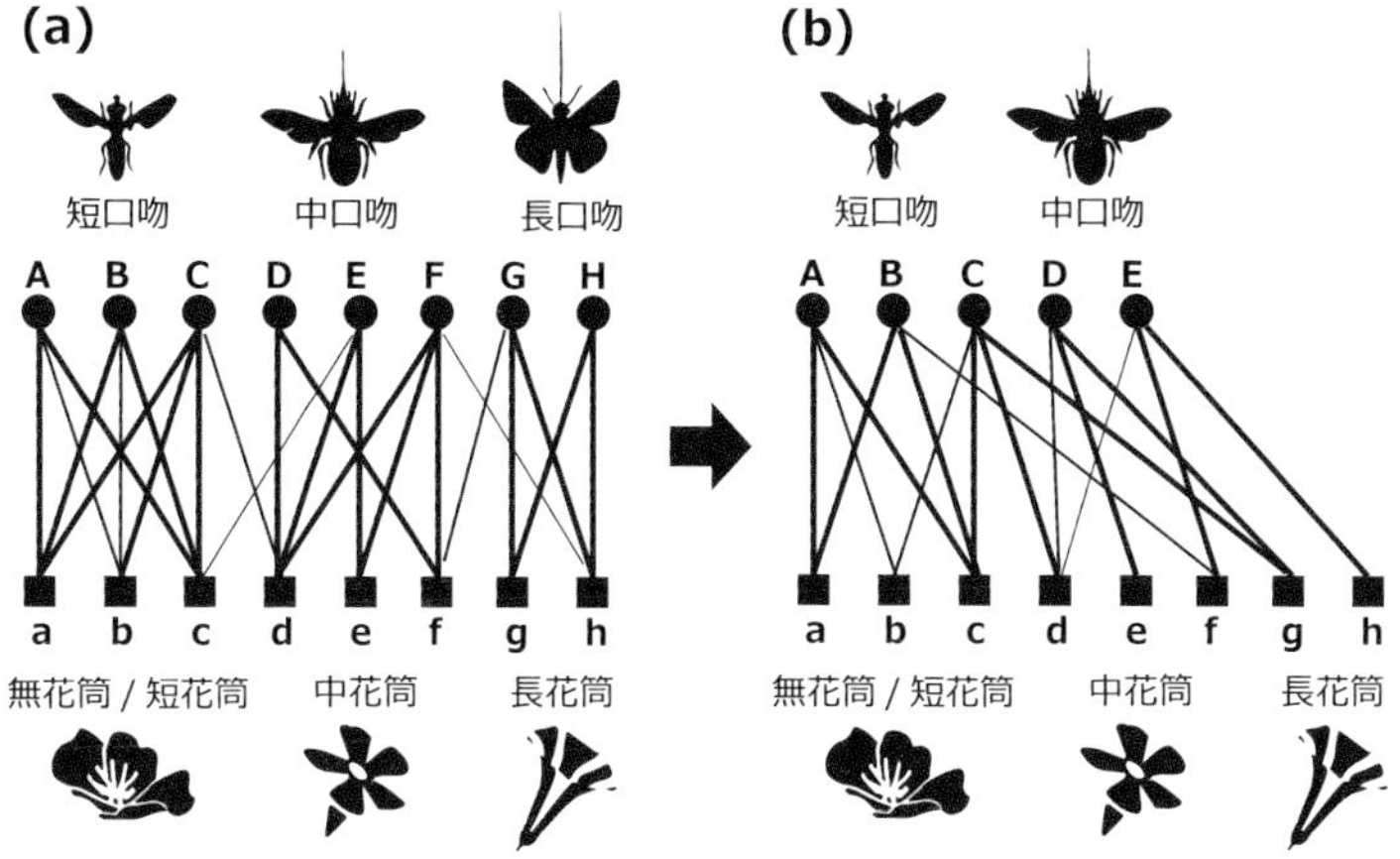

▶**図7.5**　送粉ネットワークの柔軟性
(a) 短口吻の送粉者から長口吻の送粉者までがそろっている場合、送粉者たちはおおむねそれぞれの口吻長に合った花筒長の花を利用します。(b) しかし長口吻の送粉者がいなければ、短口吻や中口吻の送粉者たちが、短花筒や中花筒の花だけでなく長花筒の花も利用するようになります。

たち）が、その場所を埋めるように**種間相互作用**[★192]**を変化**させることがある、ということです。

　このように、どの送粉者がどの植物種を利用し、どの植物種がどの送粉動物種の訪花を受けるのかは、（一部の例外を除いて）あらかじめ決まっているのではなく、その群集の種構成に大きく依存しています。送粉ネットワークとは、形が決まっているようなものではなく、そのときどきの状況に応

192　種間相互作用を変化
ただし、こうして変化した相互作用が、植物にとって都合がいいものとは限りません。なぜなら、一般に長花筒の花にとって、短口吻の送粉者は効率的な送粉者ではなく、短花筒の花にとって、長口吻の送粉者は効率的な送粉者ではないからです。事実、平岩さんと丑丸さんの研究でも、長花筒の花の訪花者が短口吻送粉者で占められた場合には、長花筒の花の種子生産数が少なくなることが確認されています。このようなことが続けば、伊豆諸島の海浜植物群集から長花筒花をもつ植物種が減ってしまうのでは

じて柔軟に変化するものなのです。

送粉者を共有する植物種間の関係

これまで書いてきたように、同じ群集のなかにいて花蜜や花粉を採餌する送粉者たちは、概して花資源を巡る競争関係にあるといえます。では、同じ群集のなかで開花している植物種たちは、互いにどのような関係にあるといえるのでしょうか。

まず考えられるのは、同じ地域のなかで生育する植物種たちも、やはり送粉者を巡る競争関係にあるのではないか、ということです。事実、報酬が多い花や目立つ花が咲いていると、報酬が少ない花や目立たない花が、送粉者を奪われて十分な訪花を受けられなくなることが、いくつかの研究から示されています。例えば、北海道の大雪山で同所的に咲くツツジ科のアオノツガザクラとエゾツガザクラの場合、開花数がより多いほうの植物種にマルハナバチ（エゾオオマルハナバチとエゾヒメマルハナバチ）が強い選好性を示すため、開花数が少ないほうの植物種が十分な訪花を受けられなくなることが、笠木哲也さん（鳥取

ないかとも思えます。現時点でそのようなことが起きていないのは、海浜植物種の種子は概して海水に対する耐性が強いため、長花筒の花をもつ植物種の種子が、海流に乗って島の外から繰り返し運ばれてきているからなのかもしれません。

◉アオノツガザクラ（上）とエゾツガザクラ（下）
［写真提供］工藤岳氏

環境大学）と工藤岳さん（北海道大学）によって報告されています。これは、アオノツガザクラとエゾツガザクラが送粉者を巡る競争関係にあることを示しています。

しかし、植物種間の送粉者を巡る関係は、競争関係ばかりとは限りません。例えば、狭い空間スケールのなかでは送粉者を奪い合っている植物種たちであっても、広い空間スケールで見れば、一緒に咲くことで送粉者たちをその場所に引き寄せているということがあるかもしれません。このような効果のことを「共同誘引効果」といいます。また、送粉者をたくさん引き寄せる植物種が多くの送粉者を惹きつければ、その近くに咲いている他の植物種が、その恩恵を受けられることもあるかもしれません。このような効果のことを「マグネット効果」といいます。事実、私の研究室の大学院修了生の居村尚さんが、立山の高山帯で、マルハナバチが好む16種の植物を対象に調べたところ、他の植物種が近くに咲いているときのほうが、それぞれの種が単独で咲いていた場合に比べて、たくさんの訪花を受けている場合が多かったという結果が得られています（**図7・6**）。この結果は、立山のマルハナバチ媒の植物種たちにとっては、近くで開花している他の植物種が、送粉者の数を確保するという点においては、邪魔な競争相手というよりは**好ましい隣人**★193であることが多かったことを示しています。

　同じ群集で開花する植物種たちは、異種間送粉を通じて互いの繁殖を邪魔しあう関係にあるともいわれます。異種間送粉とは、異なる植物種の花間を送粉者が飛び回ることによって起こる、異なる植物種間の花粉のやり取りのことです。第1章でも書いたように、異種植物間の送粉によって他種の花の柱頭に付

193 好ましい隣人
この研究では、それぞれの植物種を訪花しているマルハナバチの多くが、同じ植物種の花間を移動していることも確認されています。つまり、立山のマルハナバチ媒の植物種たちの間では、繁殖干渉はそれほど起きていないと思われます。

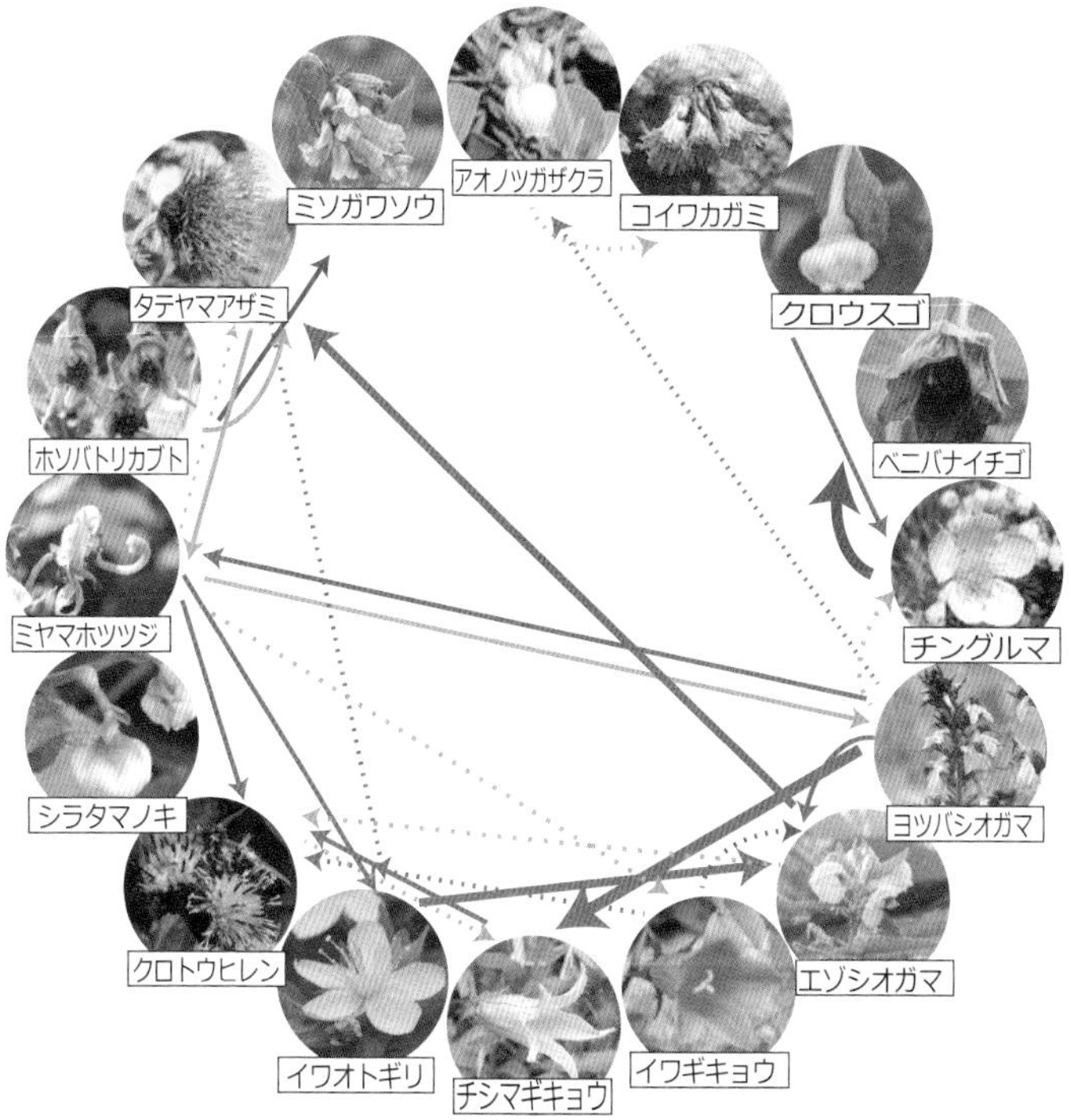

▶図7.6　この図は、立山の高山帯でマルハナバチがよく訪れる16種の植物が、送粉者の獲得を巡って競争関係にあるのか、それとも協力関係にあるのかを表しています。赤い矢印は、矢印の根本にある植物種の花が周囲に咲いているほど、矢印の先にある植物種への花あたりの訪花頻度が高くなっていたことを表し、青い矢印は、矢印の根本にある植物種の花が周囲に咲いているほど、矢印の先にある種への訪花頻度が低くなっていたことを表しています。矢印の太さは、その関係が統計的にどのくらい確からしいのかを表しています。私の研究室の修了生である居村尚さんを中心に、2012〜2014年の3年間で調べた結果です。

着した花粉は、無駄になるだけでなく、他種の花の柱頭を覆うことで、同種の花粉による受粉の機会を奪ってしまいます。ある生物が他の生物の繁殖の邪魔をすることを「繁殖干渉」といいます。同じ地域に生育し、同じ種類の送粉者を利用している植物種たちは、異種間送粉を通じて、互いに繁殖干渉しあう関係にあるのかもしれない、というわけです。

さらに、同一群集内で開花する植物種たちは、その地域の送粉者たちを共同で養うことでお互いを助け合う関係にあるともいわれています。一般に、季節の移り変わりがはっきりしている中緯度から高緯度の地域では、1種類の植物種が開花している季節は限られています。つまり、春に咲く花は夏には咲き終わってしまう一方で、夏や秋に咲く花は春にはまだ咲いていないのが普通です。しかし、ひとつの場所に巣を構えて活動しているマルハナバチのような送粉者の場合、春から秋まで途切れなく花の資源が提供されないと、その地域で営みを続けることができません。つまり、春咲きの植物種がいなくなっても、夏咲きや秋咲きの植物種がいなくなっても、マルハナバチはその地域から姿を消してしまうことになります。このような意味において、春咲きの植物、夏咲きの植物、秋咲きの植物たちは、その地域のマルハナバチを**共同で養っている**[★194]といいます。

194 共同で養っている　複数の植物種が、春から秋まで、途切れなく咲きつづけることで送粉者を養うさまは、しばしば「花のリレー」と形容されています。

えます。

　これを別の視点から見れば、マルハナバチに受粉を依存している春咲きの植物種にとっては、その地域に夏咲きや秋咲きの植物種が生育しているからこそマルハナバチに受粉をしてもらえるのだといえます。これは、夏咲きや秋咲きの植物種にとっても同様です。つまり、異なる季節に咲く花たちは、結果としてお互いを助け合う関係にあるのです。このことから、ある地域の植物種の多様性が失われはじめると、加速度的に多様性が失われていくことが予想できるのではないでしょうか。

　このように、同所的に生育する動物媒の植物種たちは、送粉者の存在を介してさまざまに影響を及ぼしあっています。そもそも、同じ地域で生育する植物種たちは、送粉者を介さずともお互いに影響を与えあっています。例えば、隣接して生育している植物個体の間には、同種間か異種間かにかかわらず、光や水、**栄養塩**★195などを巡る競争があります。他にも、共通の植食者やその天敵、**共生菌**★196などを介して、植物の間にはさまざまな相互作用が存在しています。利害が複雑に絡み合い、あの植物種がこの植物種にとってプラスだとかマイナスだとかを簡単には決められない、そんなややこしい関係をもちながら植物種たちは共

195 栄養塩
窒素やリンなどを含む無機塩類のこと。

196 共生菌
他の生物と共同生活をする菌類のこと。例えば、陸上植物の8～9割の種は、地下部で菌類と一緒に菌根という構造をつくり、菌類と共生しています。菌根をつくる菌類のことを菌根菌といい、彼らの多くは、植物種に栄養塩を提供する代わりに、植物が生産した光合成産物をもらって生活しています。

存しているのです。

その他の生物種の影響

当然といえば当然ですが、植物と送粉者をとりまく生物種間の関係は、送粉相互作用だけではありません。植物の場合、植食性の動物種や共生菌類、同所的に生育する他の植物種など、送粉者以外の生物種たちとも深く関わり合いをもっています。送粉者も、送粉者を捕食する動物種や寄生虫など、花を咲かせる植物以外の生物種とも、深く関わり合いながら生きています。このため植物や送粉者以外の生物種も、送粉相互作用に大きく影響することになります。

最近、私の研究室では、マルハナバチタマセンチュウというマルハナバチの寄生虫が、送粉者と植物種の関係に与える影響について研究しています。ここではその成果の一部を紹介することで、送粉相互作用に影響する、植物と送粉者以外の生物種たちの存在について考えてみます。

まず、マルハナバチタマセンチュウがどのような生き物なのかを紹介します。マルハナバチタマセンチュウは、マルハナバチの女王バチに寄生し、その行動

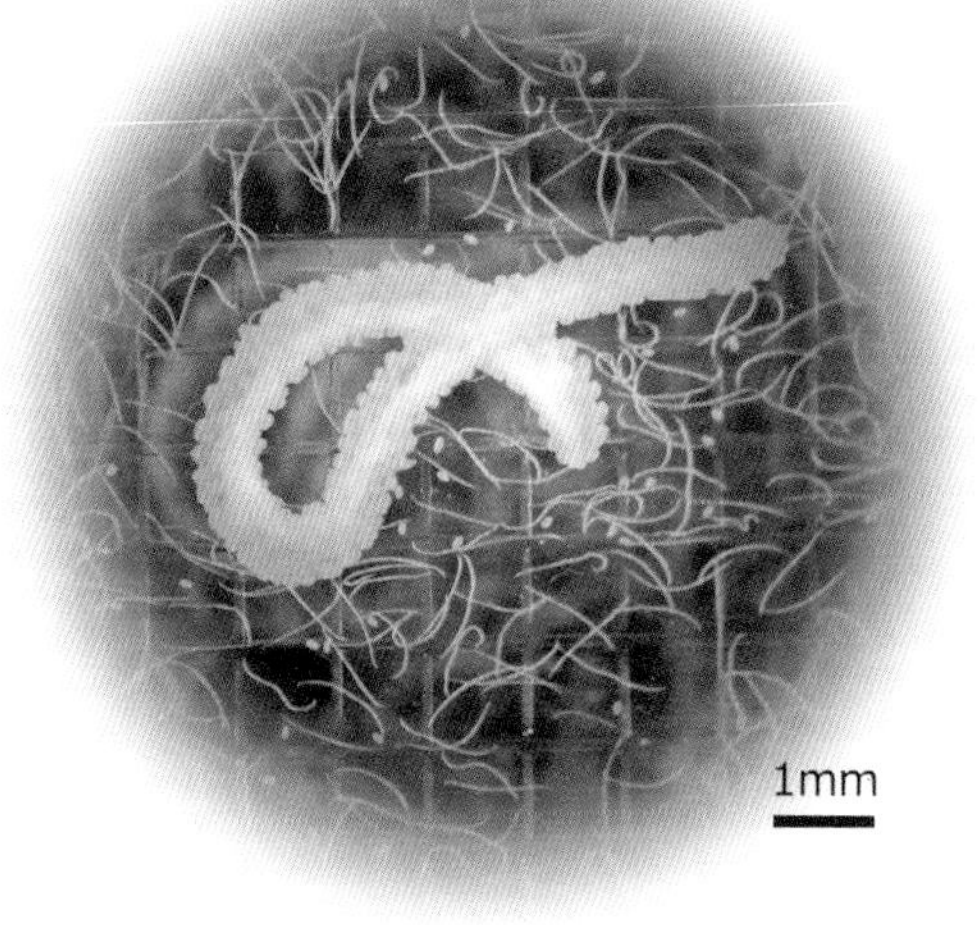

◉マルハナバチタマセンチュウ
中央に写っているのがマルハナバチタマセンチュウの卵巣、周囲にたくさん写っている紐状のものが孵化したマルハナバチタマセンチュウの幼虫です。成体の体の大きさは、卵から孵化したばかりの幼虫とそれほどは変わりません。しかし、マルハナバチ女王の腹腔の中で、体積が自身の体の1000倍以上にもなる卵巣を発達させ、数百から数千の卵をつくり出します。

を操作する**線虫**[197]の仲間です。「行動を操作する」とは穏やかではありませんが、じつは寄生虫には、**宿主**[198]の行動を自身に都合のいいように操作するものが数多く知られています。例えば、カマキリやカマドウマの寄生虫であるハリガネムシは、自身が水中で産卵するために、宿主が水に飛び込みやすくなるようにその行動を操作しています。また、成長の過程でネズミからネコに宿主を変える**トキソプラズマ**[199]という原虫（単細胞性の寄生虫）は、ネズミに寄生すると、ネズミのネコに対する恐怖心を減らし、ネズミがネコに食べられやすくするといわれています。これによりトキソプラズマは、ネズミからネコへと宿主を変えることができます。マルハナバチタマセンチュウはといえば、自身が寄生したマルハナバチの女王バチを不妊化し、彼女たちが営巣しなくなるようにその行動を操作しているのです。

通常、マルハナバチの女王バチは、春に越冬から目覚めると、初夏までに地中で営巣し、地上には出てこなくなります（**図7・7上段**）。しかし、タマセンチュウに感染した女王バチは営巣を行なわなくなり、夏まで採餌を続けます（**図7・7下段**）。そして、ときおり地面付近を徘徊するように飛行しては地中に潜り込み、女王バチの体内で産まれたタマセンチュウの幼虫を、お尻から地中に放出します。

197 線虫
線形動物門に属する動物の総称。名前のとおり、細長い糸状の体をもちます。多くは土壌や水中で生活していますが、他の生物種の体内に寄生して生活するものも少なくありません。

198 宿主
寄生生物が寄生する生物のこと。寄主とも。

199 トキソプラズマ
トキソプラズマはヒトにも感染することがあり、感染したヒトの性格に少しながら影響するという研究報告もあります。なんと、世界の人口の約3分の1もがこの寄生虫に感染していると推測され

最近の私たちの研究によって、タマセンチュウに寄生された女王バチは、越冬から目覚めた後も越冬場所の近くでだけ活動するようになり、**遠くに移動しなくなる**[★200]ことも明らかになってきました。地中に放出されたタマセンチュウの幼虫は地中で成熟し、交尾をします。交尾を終えたメスの線虫は、秋から冬にかけて、土のなかで越冬するマルハナバチの女王に感染します。

さて、マルハナバチタマセンチュウによる感染が多い場所では、夏になっても多くの感染女王バチが、営巣せずに花から花蜜を採餌しているのが数多く観察されます。私の研究室の大学院修了生である角屋絵理さんは、北海道のアカツメクサ・シロツメクサ群集を対象にした調査で、感染女王バチが多く見られる場所では植物と送粉者たちの関係が変化していることを示しました。具体的には、他の場所ではアカツメクサから普通に花蜜を採餌していた送粉者たちが、花蜜が比較的少ないシロツメクサで採餌するようになったり、アカツメクサから**強奪型の盗蜜**[★201]をするようになったりしていたのです。

この変化は、体の大きな女王バチは花蜜をたくさん吸ううえに、長い口吻(舌)をもっているため、感染が多い場所では花筒が長い花(この場合はアカツメクサ)の花蜜が枯渇しやすくなることが原因のようでした。こうした植物と

ています。

200 遠くに移動しなくなる
マルハナバチタマセンチュウに感染した女王バチが遠くに移動しなくなることに関しては、これまでその可能性が疑われてはいたものの、明確な証拠がありませんでした。そこで私の研究室では、大学院修了生の久保田銀河さんが中心になって、中山哲夫さん(北海道大学)と酒徳昭宏さん(富山大学)の協力のもと、マルハナバチとマルハナバチタマセンチュウの遺伝子をいくつかの地域集団間で比較しました。集団遺伝学的な解析の結果、マルハナバチタマセンチ

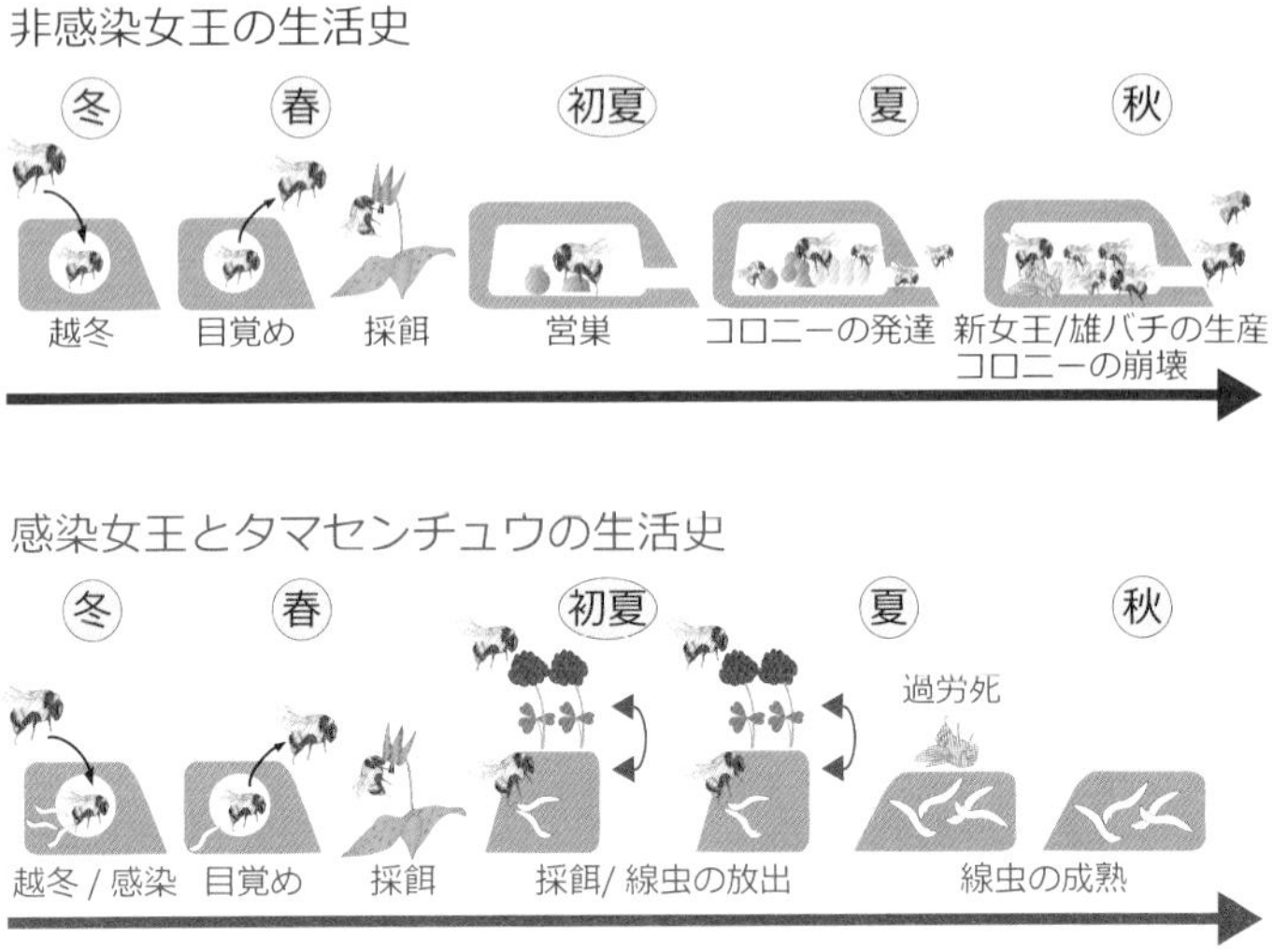

▶図7.7　マルハナバチとマルハナバチタマセンチュウの生活史
通常、春に越冬から目覚めたマルハナバチの女王バチは初夏までに営巣し、コロニー（巣）が発達すると地上には出てこなくなります（上段）。コロニーは夏にかけて働きバチの数を増やし、秋に新しい女王バチと雄バチを放出して崩壊します。コロニーを創設した女王バチは秋に死亡します。一方、越冬中にマルハナバチタマセンチュウに感染した女王バチは、夏になっても営巣せず、夏まで花から採餌を続けます（下段）。そして、ときおり地面付近を徘徊するように飛行しては地中に潜り込み、女王バチの体内で産まれたタマセンチュウの幼虫を、お尻から地中に放出します。タマセンチュウに感染した女王バチは、夏の間に衰弱して死んでしまいます。

ュウに感染していない女王バチは長距離移動しているのに対し、感染した女王バチは狭い範囲に留まっている（遠くに移動していない）ことが強く示唆されました。

201 強奪型の盗蜜
花の横に穴を開けて蜜を吸う行為のこと（第5章参照）。

202 微生物が花蜜の質を変化させる
一般的には、花蜜に潜む微生物は糖やアミノ酸などの栄養を消費し、その成分を変化させることで花蜜の質を低下させるこ送粉者の関係の変化は、その場所に生育する植物たちの繁殖成功に影響するでしょうし、ひいては生物群集全体にまで影響していく可能性があります。

角屋さんの研究は、植物でも送粉者でもない寄生虫が、植物と送粉者の関係を大きく変えてしまう場合があることを示したものです。これと似たようなことは、植物や送粉者と直接的または間接的に関わり合いをもつ、どのような生物種によっても引き起こされる可能性があります。例えば、葉や花を食害する昆虫がいると、食害を受けた植物個体が咲かせることができる花の数が減り、その結果、その植物を訪れる送粉者が減ってしまうことがあります。第5章でも紹介したように、送粉者を捕食する蜘蛛や狩りバチ、送粉者が嫌うアリも、花にやってくる送粉者を減らしてしまいます。花蜜に潜む酵母菌などの**微生物が、**★202**花蜜の質を変化させる**ことで、植物と送粉者の関係に影響することを示す研究結果も報告されています。

この章のはじめでも書いたように、群集を構成する生物種たちは、同じ群集のなかにいる他の生物種たちと、直接的にせよ間接的にせよ、さまざまに関わり合いをもちながら生活しています。このため、群集を構成するすべての生物種は、多かれ少なかれ、植物と送粉者の関係性にも影響を及ぼしているのです。

とが多いと考えられています。しかし、微生物が生み出す代謝産物が送粉者を惹きつけていることを示唆する結果も、少ないながら報告されています。例えば、マレー半島に生育するブルタゴヤシの花蜜は、酵母菌の働きで、平均で0・6パーセント、最大3・8パーセントのアルコール分を含んでいます。この植物の主要な送粉動物であるハネオツパイ（ツパイ目）という小型哺乳類は、このアルコール（つまりお酒）を好んで花を訪れているようです。他にも、マルハナバチが微生物のいる花蜜を好むことを示唆する研究例も報告されています。

第 8 章

壊れゆく植物と送粉者の関係

実りなき秋は来るのか

第1章で、被子植物種の約90パーセントが、受粉を送粉者に頼る動物媒の植物と見積もられていると書きました。農作物として栽培されている植物種には風媒のものが比較的多いので、農作物ではこの割合はいくらか小さくなりますが、それでも**約75パーセント**[203]もの種が受粉を送粉者に頼っていると見積もられています。

トマトやアーモンドなどのように、果実や種子を利用する作物に**受粉が必要**[204]なのはいうまでもありません。しかし、根や葉、茎を利用する作物であっても、その種子の生産には受粉が必要です。さまざまな種類の農作物を継続的に利用するうえで、私たちは送粉者の恩恵を受けているのです。送粉者がいなくなれば、多くの種類の野菜や果物は手に入らなくなるか、非常に高価なものになってしまうでしょう。

意外に思うかもしれませんが、肉製品や乳製品の生産ですら送粉者の働きに負うところが大きいと考えられています。これは、良質な牧草として育てられている**マメ科の植物**[205]が、動物媒の植物だからです。このことに関して、19世紀のイギリスの生物学者である**ハクスリー**[206]は、「大英帝国の繁栄は究極的には未婚婦人に支えられている」と述べたと伝えられています。ハクスリー曰く、未

203 約75パーセント
ただし、農作物のなかで生産量が多い、米、麦類、トウモロコシなどの穀物は風媒です。このため、農作物の生産量に占める動物媒の割合はこれよりも少なく、約35パーセントと見積もられています。

204 受粉が必要
ホルモン剤などによって、受粉を介さずに果実をつけている野菜や果物もあります。しかしそういう作物であっても、種子の生産には受粉が必要です。

205 マメ科の植物
マメ科の植物は、根に根粒を形成し、そこに根粒菌というバクテリアを住まわ

婚婦人は寂しさを紛らわすためにネコを飼う。ネコはネズミを減らす。ネズミはマルハナバチの巣を壊すので、ネズミが減ればマルハナバチが増える。マルハナバチが増えるとマルハナバチに受粉を依存しているアカツメクサが増える。アカツメクサは良質な牧草になるので牛がよく育つ。そうして得られた牛肉が、大英帝国の繁栄を担う海軍の兵士を養っている、**というわけです**[★207]。

　実際のところ、マルハナバチはネズミの古巣を利用して営巣することも多いので、ネコが増えてネズミが減ってしまえばマルハナバチも減ってしまう可能性があるのですが、ともあれここで重要なのは、良質な牧草の生育には送粉者（特にハナバチ類）が必要だということです。在来のハナバチ種があまりいなかったニュージーランドに入植した人たちが、牧草の種《たね》と一緒に、ヨーロッパからマルハナバチを持ってきてその地に放ったのは、良質な牧草を育てるのにハナバチの存在が必要であることを、彼らが知っていたからに他なりません。

　こうしたことからいえるのは、どれだけ都会に住んで自然から離れた生活をしていても、私たちは送粉者の恩恵を受けているのだということです。送粉者のいない世界の食卓は、今と比べて非常に寂しいものになることは想像に難くありません。そもそも、地球上に生育する植物の多様性は送粉者によって支えら

せています。根粒菌はマメ科植物から光合成産物をもらう代わりに、空気中の窒素をアンモニア態窒素に変換して植物に提供します。このためマメ科植物は窒素分を多く含んでいます。この窒素分が肉（タンパク質）の生産に非常に大事なのです。

206 ハクスリー Thomas Henry Huxley。ダーウィンが『種の起源』で進化論を発表したとき、その説を支持して積極的に擁護したため「ダーウィンの番犬」と呼ばれました。ここで紹介した逸話の、ネコからアカツメクサまでのくだりは、ダーウィンがその著『種の起源』で論じていたも

れているといわれています。すべての動物が、直接的にせよ間接的にせよ、植物によって生かされているという事実に照らして考えれば、送粉者が私たちにもたらしている恩恵は計り知れないものがあります。

ところが近年、[★208]**アメリカやヨーロッパを中心に**、送粉者の種数や個体数の減少が報告されるようになってきました。主な原因は、開発に伴う環境の改変や化学農薬の影響、そして外来生物種の影響など、人間活動の拡大に伴うものだといわれています。人間活動の拡大が生態系にさまざまな変化をもたらしているというのはよく聞く話ですが、生態系の一部である送粉系群集にもその影響が及んでいるというわけです。このことによる自然の植物種や農作物への影響はすでに報告されはじめています。どこかでこの流れを止めないと、近い将来、自然の生態系や私たちの生活に、取り返しのつかないかたちで大きな損失をもたらすことになるかもしれません。

最終章となるこの章では、人間活動が送粉系群集に与えている影響について取り上げます。このことが、自然の生態系や私たちの生活にどのような帰結をもたらすのか考えてみましょう。

のです。

207 というわけです

この話には、いくつかの別バージョンが派生しています。私のお気に入りは「寡婦（夫と死別した女性）は寂しさを紛らわせるために猫を飼う。その結果ネズミが減り、マルハナバチが増える。すると良質な牧草であるアカツメクサが増えて、牛肉がたくさんできる。こうして大英帝国の海軍が強くなり戦争に明け暮れるようになる。それによってまた寡婦が増える」という、皮肉の入ったものです。

208 アメリカやヨーロッパを中心に

アメリカやヨーロッパ以

外の地域では、送粉者の減少が起きているのか、はっきりしたことはわかっていません。これは、アメリカやヨーロッパ以外の地域では過去の記録や標本がそろっていないため、過去からの変遷を調べるのが難しく、送粉者の減少が起きているのかどうかを確認するのが難しいからです。

開発の影響

当たり前といえば当たり前ですが、開発に伴う大規模な環境の変化は、さまざまなかたちで送粉系群集に影響を及ぼしてきました。例えば、開発によってその地域の花資源が減れば、それを利用する送粉者たちが減ってしまいます。同様に、森や草原、湿地などの環境がなくなれば、そうした環境で営巣したり幼虫時代を過ごしたりしている送粉者は、その地域で生活できません。森のなかで樹洞に営巣するハナバチの仲間、幼虫時代に草原で特定の植物種を選んで食べるチョウの仲間、湿地で幼虫時代を過ごすハナアブの仲間など、さまざまな種類の送粉者が、開発の影響を受けてその生息地を奪われているといわれています。

近年の農業では、集約化が世界的な流れとなっており、区画整理に伴う農地の均質化が進められています。このことも送粉者の群集に大きな打撃を与えていると考えられています。というのも、多様な送粉者がそこで生活していくためには、さまざまな種類の花が、季節を通じて途切れなく咲きつづけることが必要だからです（第7章）。農地の均質化が進み、広大なエリアで1、2種類の作物だけを育てるのは、ある季節にはたくさんの花が咲いても、他の季節には花がない状況をつくり出します。そのため、たとえ大規模に栽培されている農作物が送粉者に花蜜や花粉を提供する動物媒の植物であったとしても、季節を通じて花資源を必要とする送粉者たちを養うことはできないのです。

このような理由のため（そしておそらく、この次に紹介する化学農薬の影響もありますが）、区画整理が進んだ農地では、受粉を担う野生送粉者が不足する傾向にあります。このため、路地栽培を行なっている農園であっても、養蜂ミツバチのような家畜化された送粉者を使うか、人の手による受粉（人工授粉）を行なうことで種子や果実を生産しているところが少なくありません。世界全体で見ると、農作物の受粉のために使用される養蜂ミツバチ（セイヨウミツバチ）の需要は増えており、そのための養蜂ミツバチのコロニーは、国や地域を越えてやり取りされています。

しかし、野生の送粉者が減り、養蜂ミツバチばかりに世界の食糧生産の多くを依存するのは、ともすれば非常に危険な状況になります。グローバル化に伴う世界規模での病原体や寄生生物の蔓延、その他原因不明の理由によって養蜂ミツバチに被害が出れば、必然的に多くの種類の農作物がその影響を受けることになるからです。2006年にアメリカで報告され世間を騒がせた養蜂ミツバチの蜂群崩壊症候群（後述）は、そのような未来を彷彿とさせるものでした。

昔ながらの農村には、田畑の周りに里山があり、溜池《ためいけ》があり、草刈り場や放牧地としての草原がありました。畑にはさまざまな種類の作物が植えられ、近くの里山や草原には、季節ごとにいろいろな花が咲いていました。このような環境は多様な送粉者を育み、ひいては、畑に送粉者たちを呼び込むうえで、理想的な環境だったように思われます。

時代が変わり、現在ではこうした里山や草原を昔ながらに維持するのは簡単ではありません。しかし、ところどころにでもこのような環境を残し、田畑の周辺や公園、庭などにさまざまな種類の花を植えれば、野生の送粉者たちを、ある程度は育むことはできるはずです。こうした取り組みこそが、人が住む周辺の生態系を豊かに保ち、安定的な食糧生産をもたらすことに繋がるのではないでしょうか。

農薬の影響

農作物の害虫を減らすために使用されている化学農薬も、送粉者を減らす原因のひとつです。ただしこれに関しては、さまざまな立場の人がいろいろな意見をもっているため、農薬が送粉者たちをどのくらい減らしているのか、だからどうすべきなのかについて、はっきりしたことを言いにくいもどかしさがあります。

これはひとつには、農薬の使用が農地の開発と切り離せないので、送粉者の減少が農薬によるものなのか、それとも開発に伴う環境の変化によるものなのか、明確に区別するのが難しいから、ということがあります。それに加え、農家、企業、政治家、消費者、そして自然保護活動家など、さまざまな立場の人たちの利害関係が絡んでいるため、先入観に左右されやすく、ともすれば感情的になってしまうから、という事情もあります。

ともあれ、農薬と送粉者に関わる最近の事情を語るのであれば、ネオニコチノイド系というタイプの農薬について触れないわけにはいきません。これは、動物の神経系に作用することで効果を発揮するタイプの農薬で、幅広い種類の昆

209 脊椎動物に対する毒性は低い
とはいえ、低濃度であっても哺乳類の神経細胞に作用することを示した実験結果も報告されています。このため、人の神経系への影響を懸念する声もあります。食品（茶や果物）を通じて中毒症状が出たと疑われるケースも、いくつか報告されています。ネオニコチノイド系農薬はまだ歴史が浅いので、長期的な時間スケールの影響に関しては不確定な部分があり、意見が分かれているようです。

210 植物体への浸透性
浸透性があるというのは、残留農薬を水で洗い流すことができないというこ

虫に対して効果がある一方、人を含む**脊椎動物に対する毒性は低い**[★209]といわれています。水に溶けやすいため、根や葉、茎などから植物の体内に吸収されやすく（浸透性）、化学的に安定で壊れにくい（残留性）、という特徴があります。

人に対する毒性が低いという性質が農薬として優れているのはいうまでもありませんが、**植物体への浸透性**[★210]があり残留性が高いのは、雨風に流されにくく効果が持続することを意味します。つまり、何度も散布する必要がないので、農家の負担軽減につながります。こうした利点のため、ネオニコチノイド系の農薬は、1990年代に市場に出てきたばかりの比較的新しい農薬でありながら、それまで使われてきた**有機リン系などの農薬**[★211]に代わり、世界中で急速に使用量が増えました。

ところが近年、ネオニコチノイド系の農薬や、ネオニコチノイド系の農薬と同様に植物への浸透性が高い農薬である**フィプロニル**[★212]が、養蜂ミツバチに対する被害や野生のハナバチ類をはじめとした昆虫類の減少を引き起こしているのではないかと疑われるようになり、大きな論争になっています。

じつは、養蜂ミツバチに対する化学農薬の被害は、ネオニコチノイド系の農薬が出回る以前から繰り返し報告されてきました。したがって、養蜂ミツバチ

とでもあります。このことを問題視する意見もあります。

211 有機リン系などの農薬
有機リン系以外にも、カーバメート系、ピレスロイド系など、さまざまな種類の農薬が使われていました。しかしこれらは、概してネオニコチノイド系に比べて人への毒性が強いということで、日本での使用量は減ってきています。また、1970年代以前には、有機塩素系農薬（DDTなど）が利用されていましたが、人の健康や環境への負荷が問題視され、現在はほとんど使用されていません。

に対する農薬の影響は、ネオニコチノイド系だけでなく、これまでに使用されてきた、さまざまな農薬全般に関わる問題だといえます。同様に、ハナバチ類をはじめとした野生送粉者たちの減少も、ネオニコチノイド系の農薬が出回る前から起きていたように思われます。ですから、長期的に見たときの野生送粉者の減少は、ネオニコチノイド系の農薬だけでなく、これまで使用されてきたさまざまな種類の農薬や、開発に伴う花資源の減少などによるものもあると考えるのが妥当です。しかし、ネオニコチノイド系の農薬は、残留性が高くてその効果が環境中で長期間にわたって持続するうえ、浸透性が高く花粉や花蜜にまで農薬の成分が移行しやすいため、これまでの農薬以上に、さまざまな昆虫種(及びその他の動物種)に影響が及んでいるのではないかと疑われているのです。

例えば養蜂ミツバチに対しては、蜂群崩壊症候群(Colony Collapse Disorder, CCD)の原因のひとつとして、ネオニコチノイド系の農薬が疑われています。蜂群崩壊症候群とは、短期間のうちにコロニー(巣)から大量の働きバチが姿を消し、コロニーが急速に崩壊してしまう現象のことです。2006年にアメリカで報告された後、似たような現象が**世界各地で報告**[★213]され、大きく騒がれました(ただし、2006年以前にも類似した現象はあったという指摘もあります)。アメ

212 フィプロニル
1993年に商品化された、フェニルピラゾール系の農薬。ネオニコチノイド系と同様、神経毒性の浸透性殺虫剤です。開発された時期も含め、ネオニコチノイド系と共通の利点と問題点をもっています。これ以降では、ネオニコチノイド系と書いてある場合、フィプロニルも含んでいると思ってください。

213 世界各地で報告
日本を含めたアジア各国でもミツバチの大量死が報告されています。ただし、これらがアメリカで起きた蜂群崩壊症候群と同様の現象なのかどうかに関しては、意見の不一

致があるようです。

リカでは2006年から2007年にかけてのたった2年間で、3割もの養蜂コロニーが被害を受けたという見積りもあります。

実際のところ、蜂群崩壊症候群に関しては、ネオニコチノイド系の農薬だけでなく、寄生生物やウイルスなどの病原体、花資源の均質化や減少による栄養不足、巣箱を長距離移動させることのストレス、遺伝子組み換え作物がつくり出す化学物質、他の種類の農薬などなど、さまざまな原因が疑われています。それらのうちのどれが主要な原因なのか、いまだに意見の一致が見られない状況にあります。これはおそらく、蜂群崩壊症候群が単一の原因によるものではなく、いくつかの要因が複合的に作用することで起きているためと思われます。

例えば、農薬は昆虫の免疫力を下げるため、寄生生物やウイルスへの抵抗性を下げ、これらの蔓延を招く可能性が指摘されています。また、神経系に作用することで、方向感覚を惑わせたり、採餌行動や摂食行動を抑制して栄養不足を引き起こしたりもします。仮にこのような理由でミツバチが失踪した場合、養蜂家はその原因を農薬のせいではなく、寄生生物やウイルス、または栄養不足のせいだと思うのではないでしょうか。つまり、複合的な要因が作用している場合、各要因の影響を明確にするのは簡単ではないのです。しかし、さまざまな状況証拠や、近年蓄積されつつある数多くの研究成果によって、現在では、[214]**ネオニコチノイド系農薬が（直接的にせよ間接的にせよ）蜂群崩壊症候群に対してなにかしらの関わりをもっている可能性が高い**と考える研究者が多くなったように思います。

一方、野生の送粉者の減少に対しても、ネオニコチノイド系農薬の影響を示す証拠が揃いつつあります。例えばイギリスでは、ネオニコチノイド系の農薬が使用されたナタネ（セイヨウアブラナ）を採餌しているハナバチ種は、そうでないハナバチ種に比べ個体数が減少していることが認められました。スウェーデンでは、ネオニコチノイド系農薬を用いたナタネの圃場8カ所と用いなかった圃場8カ所を比較した、大規模な野外実験が行なわれました。その結果、ネオニコチノイド系農薬を用いた圃場の近くでは野生ハナバチの個体密度が低く、単独性ハナバチであるツツハナバチの巣づくりや、マルハナバチのコロニーの成長が不活発であったという結果が得られています。実験室内で行なわれた研究からも、野外で起こりうる程度の農薬曝露量であっても、ハナバチ類をはじめとした、さまざまな野生動物種（チョウ類や[215]**トンボ類**、鳥類など）にネオニコチノイド系農薬が重大な影響を及ぼしうることを示す結果が報告されています。

214 ネオニコチノイド系の農薬がなにかしらの関わりをもっている可能性が高い
ネオニコチノイド系の農薬が蜂群崩壊症候群に関与している可能性は高まりましたが、それが最も重要な原因と結論づけられたわけではありません。ネオニコチノイド系農薬が関与していない蜂群崩壊症候群もあるのではという意見もあります。このような意見の相違はあるものの、私も、ネオニコチノイド系農薬の影響は小さくないだろうと考えています。

215 トンボ類
日本各地で1990年代

このような状況を受けて、2010年ごろから、世界はネオニコチノイド系農薬の使用を規制する方向に向かっています。特にEU（ヨーロッパ連合）では、2013年から行なっていた、主要ネオニコチノイド系農薬の一時的な使用禁止を2018年に、恒久的なものにする決定をしました。国によって状況は異なりますが、ヨーロッパのEU以外の国々や、アメリカ、カナダ、韓国なども、おおむねこうした流れに呼応して規制する方向に動いています。一方、日本はといえば、少なくとも2019年の時点では、規制する方向への動きを見せていません。むしろ**残留基準値**★216を緩和するなど、世界の動きと逆行しているような動きすら見せています。このことを、どのように考えればよいのでしょうか。

実際のところ、この問題に答えを出すのは簡単ではありません。なぜなら、ネオニコチノイド系の農薬を規制するということは、有機リン系の農薬など、従来の化学農薬の使用が再び増えることを意味しているからです。化学農薬にまったく頼らずに安定的な食糧供給を行なうことは、人口がここまで増えた現在の世の中では現実的ではありません。したがって、ネオニコチノイド系の農薬を規制するかどうかの問題は、結局のところ、従来の農薬とネオニコチノイド系農薬のどちらがマシなのかを判断することに他なりません。しかし、従来の化

から、アキアカネをはじめとする赤トンボ類が急激に減少しています。これについても、多くの実験結果や状況証拠が、フィプロニルやネオニコチノイド系の農薬が原因であることを示唆しています。

216 残留基準値
農産物中に残留する農薬の最大上限値を定めたもの。この値が緩和されると、その農薬を使用しやすくなります。

学農薬は、概して人に対する毒性が強いうえ、雨風などによって流されやすいため**複数回にわたって散布**[★217]しなければならないという問題点があります。汎用性が高く、人や益虫には害を及ぼさず、害虫だけを都合よく排除できる夢のような農薬は、残念ながら現実には存在しないのです。

とはいえ、問題をこれ以上先送りするのは得策ではありません。総合的に判断するなら、私自身は日本でもネオニコチノイド系農薬の使用を規制したほうがいいと考えています。そして、**化学農薬全般の使用を今よりも減らす**[★218]方法を考えるべきだと思います。それにはまず、過剰な**農薬の使用を促すような農作物の等級制度**[★219]の見直しや、農薬の使用がリスクに見合う効果をもたらしているのか再検討することなどが有効でしょう。そして何よりも、多少見た目が悪く、多少高価であっても、無農薬や低農薬で生産された農作物を選んで購入するように、私たち消費者の意識が変わっていくことこそが重要だと思います。結局のところ、農薬を減らす努力をした農家が報われる仕組みをつくらない限り、農薬の使用を減らしていくことはできないからです。そのような状況をつくることこそが、送粉動物を含め、農薬の被害に晒《さら》されている生き物たちを守ることになるのではないでしょうか。

217 複数回にわたって散布
この複数回の散布によって、野生動物が農薬の影響を受けるリスクは、かえってネオニコチノイド系農薬よりも高くなるのではないか、という意見もあります。

218 化学農薬の使用を今よりも減らす
日本の耕作面積あたりの農薬使用量は、世界のなかでトップクラスに多いといわれています。日本で農薬の使用量が多い理由は、高温多湿で病害虫の被害が多発しやすいことや、害虫の被害を受けやすい果菜類と稲の生産割合が高いこと、狭い国土のなかで効率的に生産

外来種の影響

ヨーロッパとアフリカを元来の生息域とするセイヨウミツバチ[★220]は、養蜂のために世界中に持ち出され、現在では、オーストラリア、ニュージーランド、南北アメリカ大陸、そして小笠原諸島を含む多くの海洋島など、もともとはミツバチがいなかったさまざまな地域で、外来種として定着しています。同様に、元来の生息域をヨーロッパとその周辺にもつセイヨウオオマルハナバチ[★221]は、1980年代の後半に農作物の受粉用に家畜化されて以来、日本を含めたアジアの各地域、オーストラリア、南アメリカ大陸など世界中に輸出され、それらの地域で野生化しました（北アメリカ大陸諸国では、一時的にメキシコに持ち込まれたことがありますが、基本的に輸入は禁止されてきました）。ニュージーランドでは、100年以上も前に牧草の受粉用に数種類のマルハナバチ類がヨーロッパから導入され、いまでは普通種としてあちこちを飛び回っています。

こうした外来の送粉者は、他の送粉者たちと花資源などを巡って競合するため、結果として在来の送粉者たちを減らしてしまうおそれがあるといわれています。事実、セイヨウミツバチやマルハナバチ類が外来種として定着した地域で

する必要があることなどが挙げられています。ですが、さすがに多すぎるように思います。

219 農薬の使用を促すような農作物の等級制度 例えば米の場合、カメムシのせいで斑点米が生じることがあります。斑点米は機械でほとんど取り除けます。食べても安全性に問題なく、味にもほとんど影響しません。にもかかわらず、斑点米がほんの少し入っただけで米の等級は下がり、取引価格が大幅に下がってしまいます。このことが過剰な農薬の使用を促していると指摘されています。この例のように、味や安全よりも見た目を重視し

◉セイヨウオオマルハナバチ

は、特定の在来ハナバチ種の減少や、ハナバチ類の種数の減少が、数多く報告されています。これらの報告に対しては、因果関係がきちんと立証できていないという批判があるのも事実です。しかし、移入先におけるセイヨウミツバチやマルハナバチ類の存在感は非常に大きいため、在来の送粉者に対する影響は小さくないと考える研究者は少なくありません。

　では、在来の送粉者が

た等級制度は、過剰な農薬使用の原因になっているのです。

220 セイヨウミツバチ
セイヨウミツバチは日本でも盛んに飼育（養蜂）されていますが、日本では小笠原諸島や西表島などの島嶼部をのぞけば、ほとんど野生化していません。これは、日本にはミツバチを襲う大型のスズメバチ類（オオスズメバチやキイロスズメバチなど）がいるためだといわれています。日本の在来種であるニホンミツバチは、コロニー（巣）にスズメバチの攻撃があると、攻撃してきたスズメバチを数十から数百の働きバチで団子状になって外来の送粉者によって置き換えられると、それまで在来の送粉者に受粉を依存していた植物たちはどうなるのでしょうか。これまでの研究からは、セイヨウミツバチやマルハナバチ類が外来種として定着した地域では、多くの場合、在来の植物種が外来の送粉者に受粉を依存するようになることが報告されています。しかし、すべての植物種が、外来の送粉者とうまくやっていけるわけではありません。在来のハナバチ類が減ったことで、受粉が十分にできなくなってしまったと思われる植物種の存在も、各地域から少なからず報告されています。そのような植物種は、ゆっくりとその地域から姿を消していくことになるのかもしれません。

セイヨウミツバチやマルハナバチ類が帰化（外来種として定着）したことによって、彼らが好む形質の花をもつ外来植物種が定着しやすくなっている可能性も指摘されています。というのも、在来のミツバチがいなかった南北アメリカ大陸や、在来のミツバチやマルハナバチがいなかったオーストラリア、ニュージーランド、小笠原諸島などでは、外来種であるセイヨウミツバチや外来のマルハナバチ類が、在来の植物種よりも、外来の植物種を好んで訪花する傾向が報告されているからです。こうしたことから、外来送粉者の侵入は、群集を構成す

取り囲みます。そして筋肉を震わせて熱を発生させ、団子のなかでスズメバチを蒸し殺してしまいます。このときにつくられるハチ団子のことを熱殺蜂球《ねっさつほうきゅう》（または単に蜂球）といいます。セイヨウミツバチの元来の生息地であるアフリカやヨーロッパには、ミツバチの脅威となる大型のスズメバチがいないため、熱殺蜂球をつくる性質は進化しませんでした。このため日本の多くの地域では、セイヨウミツバチは養蜂家の保護なくしてはオオスズメバチやキイロスズメバチにやられてしまい、野生化できないのです。

る植物の種組成に緩慢な変化をもたらす可能性があると考えられています。

在来の送粉者を減らしてしまう外来の生物は、送粉者だけではありません。例えば、小笠原諸島の父島と母島では、グリーンアノールという外来のイグアナの捕食によって、在来のハナバチ類が数を減らしているといわれています。父島と母島にはセイヨウミツバチも外来種として定着していますが、森林総合研究所の安部哲人さんたちは、グリーンアノールは、セイヨウミツバチよりも、在来ハナバチ類を含む在来の昆虫種を好んで捕食する傾向があることを明らかにしました。小笠原諸島のなかで、グリーンアノールが野生化した島では、ハナバチやハナバチ以外の在来昆虫類が減少している一方、グリーンアノールがいない島ではミツバチと在来ハナバチの共存が見られることなどから、安部さんたちは、父島と母島における在来ハナバチ類の減少は、セイヨウミツバチよりもグリーンアノールによる捕食の影響が大きいのではないかと推測しています。

外来植物の侵入も、場合によっては送粉者を減らしてしまう可能性がありま す。というのも、外来植物のなかには、競争力が強く、空間を占拠してしまうものが珍しくないからです。例えば日本では、外来種であるオオブタクサやセイタカアワダチソウ、オオハンゴンソウ（どれも北アメリカ原産のキク科の植物）

221 セイヨウオオマルハナバチ
セイヨウオオマルハナバチは、日本では1991年に導入され、北海道で野生化しました。このマルハナバチは、北海道在来のマルハナバチと、花資源や営巣場所（ネズミの古巣など）を巡って競合している可能性が高く、事実、セイヨウオオマルハナバチが侵入した地域では、在来のマルハナバチであるエゾオオマルハナバチやエゾトラマルハナバチの減少が報告されています。生態系に対する悪影響の懸念から、日本では、2006年に特定外来生物に指定されました。

◉グリーンアノール［写真提供］奥山雄大氏

などが侵入した場所では、それらの種だけで空間が占拠され、在来の植物種が駆逐されてしまうことが珍しくありません。侵入した植物種がオオブタクサのような風媒の植物種の場合、それは送粉者たちにとっての餌資源がその場所からなくなってしまうことを意味します。一方、侵入した植物種がセイタカアワダチソウやオオハンゴンソウのような虫媒の植物種であっても、均質化された農地と同じ理屈で、1、2種類の植物だけで占有された植物群集では、多様な送粉者を育むことはできません。外来植物が送粉者や在来の植物群集に与える影響は、その外来植物がどのようなタイプなのかに大きく依存しており、ケースバイケースです。とはいえ、外来植物の侵入によって植物群集の組成が変われば、植物を利用している送粉者たちはなにかしらの影響を受けることになるのです。

前章でも述べたように、生物群集のなかでは、すべての生物種がさまざまに関わり合いをもちながら生活しています。したがって、どのような種類の生物であっても、それが外来種として定着すれば、群集内のすべての生物種に、多かれ少なかれ、なにかしらの影響を与えることになります。しかし、群集内の種間関係は非常に複雑で込み入っているため、ある生物種が他の地域から持ち込まれた場合、その種が外来種として定着できるのか、定着した場合は生態系にどのような影響を及ぼすのか、予測するのは簡単ではありません。そして、一度定着してしまった外来種をその地域から駆除することは、そこが小さな島とか池でない限り、または、その外来種が大型の動物種でもない限り、**不可能といっていいほど困難**[★222]です。外来種の問題を考えるときには、外来種の侵入と定着が、地域の生態系にとってほとんど不可逆的な出来事であるのを踏まえ、予

222 不可能といっていいほど困難
少なくとも私は、面積が比較的小さな島や、かいぼり（池や沼の水をすべてくみ出すこと）ができる規模の小さい池や沼の例を除き、大型動物種以外の外来種駆除に成功した例を知りません。

防的な観点をもって侵入させないことがなによりも大切なのです。

寄生物の影響

送粉者に感染する病原体や寄生生物も、近年の送粉者の減少の一因だと考えられています。少なくとも北アメリカでは、近年のマルハナバチ類の大幅な減少の一因が、**ノゼマ原虫**[★223]をはじめとした寄生生物にあると考えられています。農薬のところでお話しした養蜂ミツバチの蜂群崩壊症候群にも、ダニなどの寄生生物が関わっている可能性が指摘されています。

人が飼育している養蜂ミツバチはともかく、自然の送粉者に対する寄生生物の影響は、人間の活動とは関係ないように思えるかもしれません。しかし、野生ハナバチ類に見られる寄生生物の感染も、人間がミツバチやマルハナバチなどのハナバチ類を家畜化し、あちこちに移動させることによって拡大してきた可能性があります。人間が狭い場所に巣を集めて飼育すると、病原体や寄生生物の感染が起こりやすくなります。それらが各地に輸送されることで、野生ハナバチ類に感染が蔓延しているのかもしれません。

223 ノゼマ原虫 微胞子虫と呼ばれる単細胞性の真菌類の仲間です。ミツバチに寄生するもの、マルハナバチに寄生するもの、他の昆虫種に寄生するものなど、多くの種類が知られています。ミツバチやマルハナバチに感染すると、消化管の疾患を引き起こします。北アメリカでは、近年になってマルハナバチへのノゼマ原虫の感染が急に拡大したため、ヨーロッパから外来のノゼマ原虫が移入してきたのではないかと疑われていました。しかし、現時点までに行なわれた遺伝解析の結果からは、北アメリカのマルハナバチに感染しているノゼマ原虫が、

気候変動の影響

工藤岳さん（北海道大学）と井田崇さん（奈良女子大学）は、春先に開花するエゾエンゴサク（ケシ科）の集団を14年間にわたって調査し、春先の雪解け時期が平年よりも顕著に早い年には、送粉者が不足して種子生産量が低下してしまう傾向があることを示しました。これは、雪解けが早い年にはエゾエンゴサクの開花時期が早まるものの、主要な送粉者であるマルハナバチの女王バチが越冬から目覚める時期が、エゾエンゴサクの開花時期ほどには早くならなかったためでした。

季節に応じた生物の活動スケジュールのことを「フェノロジー」といいます。一般に、生物種のフェノロジーは、温度や日長の変化、周囲の明るさ、そして時間の経過などをもとに決まります。しかし、もし季節を感じ取る手がかり（刺激）が生物種によって異なれば、気象条件が普段と異なる年には、フェノロジーは生物種ごとにずれることになるでしょう。これが、雪解け時期が早い年に、エゾエンゴサクの開花時期とマルハナバチの女王バチが越冬から目覚める時期がずれたことの原因と思われます。

ヨーロッパ由来の外来種であることを支持する結果は得られていません。北アメリカで近年になってノゼマ原虫の感染が急激に拡大したことには、別の理由があるのだと思われます（本文参照）。

このように気候の変動は、生物種間の活動季節のずれを引き起こす可能性があります。これをフェノロジカルミスマッチといいます。植物が特定の送粉者に受粉を依存している場合、フェノロジカルミスマッチはその植物の受粉成功を大きく低下させる原因になります。

20世紀の後半から顕著になった地球規模の気候変動（いわゆる地球温暖化）に対しては、有効な対策が講じられておらず、その主な原因となっている二酸化炭素やメタンなど温室効果ガスの世界全体での排出量は、現在でも減っているとは言い難い状況にあります。したがって地球の温暖化は、今後もしばらくは続くことが予想されます。このような気候変動は、生物種の生息環境を変化させたり、フェノロジカルミスマッチを引き起こしたりすることで、生物種に**さまざまな影響**[★224]を及ぼす可能性があるのです。

実りなき秋

今から半世紀以上も前に、レイチェル・カーソンは、人や自然環境への農薬の影響を訴えた著書『**沈黙の春**[★225]（Silent spring）』のなかで、送粉者がいなくなり、

224 さまざまな影響
この本の出版直前（2020年2月）に、気候変動は北アメリカとヨーロッパで報告されてきたマルハナバチ類の減少にも大きく影響していると主張する論文が発表されました。大規模データを用いてマルハナバチ類の増減パターンを解析したところ、猛暑に見舞われる頻度が過去よりも増えた地域では、マルハナバチ類の絶滅率が高かったと報告しています。

225 沈黙の春
1962年に出版されたこの本で、レイチェル・カーソンは、有機塩素系農薬による、人や自然環境への影響を訴えました。

植物が果実をつけることができなくなる世界の到来を予言しました。ローワン・ジェイコブセンは、これを「実りなき秋（Fruitless fall）」と表現し、蜂群崩壊症候群に関する著書（邦訳『ハチはなぜ大量死したのか』）のタイトルにしました。

この章で紹介してきた、送粉者たちを巡るさまざまな問題は、この「実りなき秋」が現実のものになりつつあることを示唆しているように思います。それどころか、一部の植物種にとっては、「実りなき秋」はすでに現実のものになっているのかもしれません。事実、送粉者が不足することによって十分な受粉量が確保できなくなってしまったと思われる野生の植物種は、さまざまなところから報告されています。例えば、ハワイ諸島に固有のブリグハミア・インシグニス（*Brighamia insignis*：キキョウ科）という植物種の場合、長い花筒の奥に隠された花蜜を吸うことができた唯一の送粉者であったスズメガが絶滅したため、現在では人の手を借りなければ受粉できなくなってしまいました。研究者が調査している植物種が、全体から見ればほんの一部であることを踏まえれば、私たちが気づいていないところで送粉者不足の影響を受けている植物種は、おそらく少なくないでしょう。

野生の送粉者が減ってしまったために、人の手によって受粉を行なうか、飼

この本は環境問題に対する人々の意識を高め、その後の環境保全運動を盛り上げる契機となりました。

育された送粉者の助けがないと十分な収穫量を確保できない畑や果樹園が増えていることは先にも述べたとおりです。アメリカやヨーロッパで蜂群崩壊症候群が猛威を振るったとき、これが大きな社会問題にまで発展したのは、農作物の受粉のための養蜂ミツバチが不足して、その価格が高騰したからに他なりません。今後、農業の集約化はますます進み、家畜化された受粉用ハナバチへの依存度はますます高くなっていくことが予想されます。それがどのようなリスクを孕《はら》んでいるのか、一度立ち止まって考えてみる必要があります。

最後になりますが、私にとって（そしてきっと読者の皆さんにとっても）、送粉者が減っていくのは、この本で紹介してきた魅力的な世界が失われていくことでもあります。植物や送粉者に限らず、生き物たちの営みは驚きと感動に満ち溢れています。それらは、偶然と必然が絡み合う、数十億年の進化の結果としてそこに存在しています。それぞれの生物種に見られる性質や、地域ごとに特色のある生物群集は、一度失われたら決して取り戻すことができない唯一無二のものです。それが、私たち人間の活動によって、短い期間のうちに失われてしまうのは、ただただもったいなく、そして寂しいことではないでしょうか。

あとがきと謝辞

自分のことを書くのは苦手なので、あとがきは短くします。どうぞご容赦ください。

「まえがき」でも書いたように、この本は、花や虫に興味をもっていて、少し踏み込んだことまで学んでみたい人や、これから送粉生態学について学んでみたいという人を対象に執筆しました。将来この分野を研究したいと考えている高校生や大学生の役に立つかもしれない、という思いも込めて、日本の研究者が行なった研究を紹介する際には、研究者の名前とその所属も書き入れました。できるだけ、その研究が行なわれたときの所属ではなく、現在の所属を書いたつもりですが、移動や定年などで変更になっていることがあるかもしれません。もしも間違っていたら、お許しください。

専門用語を（あまり）用いずに、わかりやすさと正確さの両方を満たす文章を書くのは、わかっていたつもりですが思いのほか難しく（6割は私の怠惰と遅筆によるもので、3割は大学の雑務に追われたためではありますが）、執筆のお誘いを受けてから、気がつけば4年も経ってしまいました。その間、編集を担当してくださった永瀬敏章さんには、辛抱強く原稿の完成を待っていただき、また励ましていただきました。この場を借りて感謝いたします。

酒井聡樹さん（東北大学）、丑丸敦史さん（神戸大学）、大橋一晴さん（筑波大学）、川北篤さん（東京大学）、井田崇さん（奈良女子大学）には、すべての章、または一部の章を読んでいただき、研究者の視点から、私自身では気がつけなかった点を、多数指摘していただきました。この方々のおかげで、この本がよりよいものになったことは疑いありません。全身全霊でお礼申し上げます。

この本の執筆中に中学生だった息子（長男）の一也は、すべての章に目をとおし（以前は私の文章を読んでコメントをくれていたのに、最近はまったく読んでくれなくなった妻に代わり）、私のよき相談相手になってくれました。特に、一般読者の視点からわかりにくい表現を指摘してくれたことには、本当に感謝しています。今は、これから中学生になる次男が、出版されたこの本を読んでくれるといいなぁ、と思っています。

この本のために写真を提供くださった、たくさんの方々にもお礼申し上げます。ここで個々のお名前を列挙するのは差し控えますが、各写真には提供者を明記させていただきました（明記されていないのは私が撮影した写真です）。

これだけのご協力をいただきながら、「まえがき」で書いた私の目標（野望）が達成されなかったとすれば、その責任はすべて私にあります。

2020年2月　石井　博

参考文献

まえがき

リチャード ドーキンス 著、福岡伸一 訳（２００１）『虹の解体――いかにして科学は驚異への扉を開いたか』（原題：Unweaving the rainbow: science, delusion and the appetite for wonder, 1998）早川書房

第1章

Buchmann SL (1997) The Forgotten Pollinators. Island Press

Ollerton J (2011) How many flowering plants are pollinated by animals? *Oikos* 120:321-326

Ollerton J (2017) Pollinator diversity: distribution, ecological function, and conservation. *Annual Review of Ecology, Evolution, and Systematics* 48:353-376

第2章

石井博（２０１２）「多様は戦略の柔軟性から」『季刊：生命誌』74号、ＪＴ生命誌研究

井上健・湯本貴和 編（１９９２）『昆虫を誘い寄せる戦略――植物の繁殖と共生（シリーズ地球共生系）』平凡社

井上民二・加藤真 編（１９９３）『花に引き寄せられる動物――植物と送粉者の共進化（シリーズ地球共生系）』平凡社

奥山雄大（２０１８）『多様な花が生まれる瞬間（遺伝子から探る生物進化６）』慶應義塾大学出版会

酒井章子（２０１５）『送粉生態学調査法（生態学フィールド調査法シリーズ２）』共立出版

種生物学会 編（２０００）『花生態学の最前線――美しさの進化的背景を探る』文一総合出版

フリードリッヒＧバルト 著、渋谷達明・中川梓・岩間明文 訳（１９９７）『昆虫と花――共生と共進化』（原題：Biologie einer begegnung. Die partnerschaft der insekten und blumen 1992）八坂書房

牧野崇司・安元暁子・種生物学会 編（２０１４）『視覚の認知生態学 ―― 生物たちが見る世界』文一総合出版

Fleming TH, Geiselman C, Kress WJ (2009) The evolution of bat pollination: a phylogenetic perspective. *Annals of Botany* 104:1017-1043

Johnson SD, Pauw A, Midgley J (2001) Rodent pollination in the African lily *Massonia depressa* (Hyacinthaceae). *American Journal of Botany* 88:1768-73.

Kobayashi S *et al.* (2018) Floral traits of mammal-pollinated *Mucuna macrocarpa* (Fabaceae): implications for generalist-like pollination systems. *Ecology and Evolution* 8:8607–8615

Kondo T *et al.* (2016) Complex pollination of a tropical Asian rainforest canopy tree by flower-feeding thrips and thrips-feeding predators. *American Journal of Botany* 103:1912-1920

Lord JM (1991) Pollination and seed dispersal in *Freycinetia baueriana*, a dioecious liane that has lost its bat pollinator. *New Zealand Journal of Botany* 29:83-86

Matsuki Y *et al.* (2008) Pollination efficiencies of flower-visiting insects as determined by direct genetic analysis of pollen origin. *American Journal of Botany* 95: 925-930

Mochizuki K, Kawakita A (2018) Pollination by fungus gnats and associated floral characteristics in five families of the Japanese flora. *Annals of Botany* 121: 651-663.

Olesen JM, Valido A (2003) Lizards as pollinators and seed dispersers: an island phenomenon. *Trends in Ecology and Evolution* 18:177-181.

Peñalver E *et al.* (2012) Thrips pollination of Mesozoic gymnosperms. *PNAS* 109: 8623-8628

Sakamoto RL, Ito M, Kawakubo N (2012) Contribution of pollinators to seed production as revealed by differential pollinator exclusion in *Clerodendrum trichotomum* (Lamiaceae). *PLoS One* 7:e33303

Song B *et al.* (2014) A new pollinating seed-consuming mutualism between *Rheum nobile* and a fly fungus gnat, *Bradysia* sp., involving pollinator attraction by a specific floral compound. *New Phytologist* 203:1109-18

Suetsugu K (2019) Social wasps, crickets and cockroaches contribute to pollination of the holoparasitic plant *Mitrastemon yamamotoi* (Mitrastemonaceae) in southern Japan. *Plant Ecology* 21: 176-182

Terry I (2002) Thrips: the primeval pollinators? Thrips and tospoviruses: proceedings of the 7th International Symposium on Thysanoptera.

Willmer P (2011) Pollination and Floral Ecology. Princeton University Press

第3章

川北篤（2012）「絶対送粉共生はいかに海を渡ったか：コミカンソウ科ーハナホソガ属共生系の島嶼生物地理（〈特集1〉種間相互作用の島嶼生物地理）」『日本生態学会誌』62：321－327

川北篤・奥山雄大・種生物学会 編（2012）『種間関係の生物学 —— 共生・寄生・捕食の新しい姿』文一総合出版

横山潤・蘇智慧（2002）「花のゆりかごと空飛ぶ花粉 —— イチジクとイチジクコバチの共進化」『季刊：生命誌』32号、JT生命誌研究

横山潤・堂囿いくみ・種生物学会 編（2008）『共進化の生態学 —— 生物間相互作用が織りなす多様性』文一総合出版

Kato M, Takimura A, Kawakita A. (2003) An obligate pollination mutualism and reciprocal diversification in the tree genus *Glochidion* (Euphorbiaceae). *PNAS* 100: 5264-5267

Kato M, Kawakita A. (ed.) (2017) Obligate pollination mutualism (Ecological Research Monographs). Springer

Okamoto T *et al.* (2013) Active pollination favours sexual dimorphism in floral scent. *Proceedings of the Royal Society B* 280:20132280

第4章

石井博（2006）「ポリネーターの定花性」『日本生態学会誌』56：230－239

Chittka L, Thomson JD, Waser NM (1999) Flower constancy, insect psychology, and plant evolution. *Naturwissenschaften* 86:361-377.

Chittka L, Thomson JD (ed.) (2001) Cognitive ecology of pollination. Cambridge University Press

Ishii HS (2005) Analysis of bumblebee visitation sequences within single bouts: implication of the overstrike effect on short-term memory. *Behavioral Ecology and Sociobiology* 57: 599-610

Ishii HS (2013) Community-dependent foraging habits of flower visitors: cascading indirect interactions among five bumble bee species. *Ecological Research* 28:603-613

Ishii HS, Kadoya EZ (2016) Legitimate visitors and nectar robbers on *Trifolium pratense* showed contrasting flower fidelity versus co-flowering plant species: could motor learning be a major determinant of flower constancy by bumble bees? *Behavioral Ecology and Sociobiology* 70:377-386

Ishii HS, Masuda H (2014) Effect of flower visual angle on flower constancy: a test of the search image hypothesis. *Behavioral Ecology* 25:933-944

Inouye DW (1978) Resource partitioning in bumblebees: experimental studies of foraging behavior. *Ecology* 59:672–678

第5章

大原雅 編（１９９９）『花の自然史――美しさの進化学』北海道大学出版会

久保良平・小野正人（２０１６）「造巣場所探索マルハナバチ女王はクマガイソウの唇弁口に入ることを好む?」『玉川大学農学部研究教育紀要』１：11－15

高橋英樹 編（２０１６）『ランの王国』北海道大学出版会

Brodmann J *et al.* (2009) Orchid mimics honey bee alarm pheromone in order to attract hornets for pollination. *Current Biology* 19:1368-1372.

Dohzono I, Kunitake YK, Yokoyama J, Goka K (2008) Alien bumblebee affects native plant reproduction through interactions with native bumblebees. *Ecology* 89:3082-3092

Imbert E *et al.* (2014) Positive effect of the yellow morph on female reproductive success in the flower colour polymorphic *Iris lutescens*

(Iridaceae), a deceptive species. *Journal of Evolutionary Biology* 27:1965-1974

Irwin RE, Bronstein JL, Manson JS, Richardson L (2010) Nectar Robbing: Ecological and Evolutionary Perspectives. *Annual Review of Ecology, Evolution, and Systematics* 41:271-292

Jersáková J, Johnson SD, Kindlmann P (2006) Mechanisms and evolution of deceptive pollination in orchids. *Biological Reviews* 81:219-35

Johnson SD, Midgley JJ (1997) Fly Pollination of *Gorteria diffusa* (Asteraceae), and a possible mimetic function for dark spots on the capitulum. *American Journal of Botany* 84:429-436

JohnsonSD, Nilsson LA (1999) Pollen carryover, geitonogamy, and the evolution of deceptive pollination systems in Orchids. *Ecology* 80:2607-2619

Kagawa K, Takimoto G (2016) Inaccurate color discrimination by pollinators promotes evolution of discrete color polymorphism in food-deceptive flowers. *American Naturalist* 187:194-204.

Gaskett AC (2011) Orchid pollination by sexual deception: pollinator perspectives. *Biological Review* 86:33–75.

Gigord LDB, Macnair MR, Smithson A (2001) Negative frequency-dependent selection maintains a dramatic flower color polymorphism in the rewardless orchid *Dactylorhiza sambucina* (L.) Soo. *PNAS* 98:6253-6255

Newman E, Anderson B, Johnson SD (2012) Flower colour adaptation in a mimetic orchid. *Proceedings of the Royal Society B* 279:2309-2313

Schiestl FP (2010) Pollination: sexual mimicry abounds. *Current Biology* 20:R1020-2

Yokoi T, Fujisaki K (2009) Hesitation behaviour of hoverflies *Sphaerophoria* spp. to avoid ambush by crab spiders. *Naturwissenschaften* 96:195-200

第６章

石井博（２００８）「宮地賞受賞記念総説：花の進化を花序の機能から読み解く」『日本生態学会誌』58：151－167

鈴木美季・大橋一晴・牧野崇司（２０１１）「生物間相互作用がもたらす形質進化を理解するために：「花色変化」をモデルとした統合的アプローチのすすめ」『日本生態学会誌』61：２５９－２７４。

Ida TY, Kudo G (2003) Floral color change in *Weigela middendorffiana* (Caprifoliaceae) : reduction of geitonogamous pollination by bumble bees. *American Journal of Botany* 90:1751-1757

Ida TY, Totland Ø (2014) Heating effect by perianth retention on developing achenes and implications for seed production in the alpine herb *Ranunculus glacialis*. *Alpine Botany* 124:37-47

Ishii HS, Harder LD (2006) The size of individual *Delphinium* flowers and the opportunity for geitonogamous pollination. *Functional Ecology* 20:1115-1123

Ishii HS, Hirabayashi Y, Kudo G (2008) Combined effects of inflorescence architecture, display size, plant density and empty flowers on bumble bee behaviour: experimental study with artificial inflorescences. *Oecologia* 156:341-350

Iwata T, Nagasaki O. Ishii HS, Ushimaru A (2012) Inflorescence architecture affects pollinator behaviour and mating success in *Spiranthes sinensis* (Orchidaceae). *New Phytologist* 193:196-203

Hirabayashi Y, Ishii HS, Kudo G (2006) Significance of nectar distribution on bumblebee behavior within inflorescence with reference to inflorescence architecture and display size. *Ecoscience* 13:351-359

Makino TT, Ohashi K (2017) Honest signals to maintain a long-lasting relationship: floral colour change prevents plant-level avoidance by experienced pollinators. *Functional Ecology* 31:831-837.

Ohashi K (2002) Consequences of floral complexity for bumble-bee-mediated geitonogamous self pollination in *Salvia nipponica* Miq. (Labiatae). *Evolution* 56:2414-2423.

第7章

新庄康平・辻本翔平・石井博（２０１４）「訪花動物群集と生息環境の関係（企画：ハナバチと訪花性双翅目の多様性研究の現状と課題」『日本生態学会誌』61：７－15

牧野崇司・横山潤（２０１４）「共生関係にひそむ第三者：花蜜を利用する酵母・細菌が変える植物――送粉者相互作用」

『日本生態学会誌』64：101－115

Diego P *et al.* (2009) Uniting pattern and process in plant–animal mutualistic networks: a review. *Annals of Botany* 103:1445-1457

Hiraiwa MK, Ushimaru A (2017) Low functional diversity promotes niche changes in natural island pollinator communities. *Proceedings of the Royal Society B* 284:20162218

Ishii HS, Kubota MZ, Tsujimoto SG, Kudo G (2019) Association between community assemblage of flower colours and pollinator fauna: a comparison between Japanese and New Zealand alpine plant communities. *Annals of Botany* 123:533-541

Kadoya EZ, Ishii HS (2015) Host manipulation of bumble bee queens by *Sphaerularia nematodes* indirectly affects foraging of non-host workers. *Ecology* 96:1361-1370

Kasagi T, Kudo G (2003) Variations in bumble bee preference and pollen limitation among neighboring populations: comparisons between *Phyllodoce caerulea* and *Phyllodoce aleutica* (Ericaceae) along snowmelt gradients. *American Journal of Botany* 90:1321-1327

Olesen JM, Bascompte J, Dupont YL, Jordano P (2007) The modularity of pollination networks. *PNAS* 104:19891-19896

第8章

安部哲人（2009）「小笠原諸島における送粉系攪乱の現状とその管理戦略」『地球環境』14：47－55

上浦沙友里・伏脇裕一（2018）「ネオニコチノイド系農薬の環境と食品汚染の現状と課題」『安全工学』57：137－144

国際環境NGOグリーンピース・ジャパン（2017）「ネオニコチノイド系農薬の環境リスク：2013年以降明らかになった証拠のレビュー」https://www.greenpeace.org/archive-japan/Global/japan/pdf/20170621NeonicoReport.pdf

中村純（2015）「ネオニコチノイド系農薬の使用規制でミツバチを救えるか」『日本農薬学会誌』40：191－198

有機農業ニュースクリップ（2019）「ネオニコチノイド農薬：各国の規制状況」http://organic-newsclip.info/nouyaku/regulation-neonico-table.html

レイチェル カーソン著、青樹簗一訳（１９７４）『沈黙の春』（原題：Silent Spring 1962）新潮社

ローワン・ジェイコブセン著、中里京子訳（２０１１）『ハチはなぜ大量死したのか』（原題：Fruitless fall: the collapse of the honey bee and the coming agricultural crisis, 2008）文藝春秋

Cameron SA *et al.* (2011) Patterns of widespread decline in North American bumble bees. *PNAS* 108:662-667

Cameron SA *et al.* (2016) Test of the invasive pathogen hypothesis of bumble bee decline in North America. *PNAS* 113:4386-4391

DiBartolomeis M *et al.* (2019) An assessment of acute insecticide toxicity loading (AITL) of chemical pesticides used on agricultural land in the United States. *PLoS One* 14:e0220029

Goulson D (2003) Effects of introduced bees on native ecosystems. *Annual Review of Ecology and Systematics* 34:1-26

Goulson D (2009) Bumblebees: behaviour, ecology, and conservation. Oxford University Press

Inoue MN, Yokoyama J, Washitani I (2007) Displacement of Japanese native bumblebees by the recently introduced *Bombus terrestris* (L.) (Hymenoptera: Apidae). *Journal of Insect Conservation* 12:135-146

Ishii HS *et al.* (2008) Habitat and flower resource partitioning by an exotic and three native bumble bees in central Hokkaido, Japan. *Bioligical Conservation* 141:2597-2607

Kudo G, Ida TY (2013) Early onset of spring increases the phenological mismatch between plants and pollinators. *Ecology* 94:2311-2320

Potts SG *et al.* (2010) Global pollinator declines: trends, impacts and drivers. *Trends in Ecology & Evolution* 25:345-53

Potts SG *et al.* (2016) Safeguarding pollinators and their values to human well-being. *Nature* 540:220–229

Rundlöf M *et al.* (2015) Seed coating with a neonicotinoid insecticide negatively affects wild bees. *Nature* 521:77-80

Soroye P, Newbold T, Kerr J (2020) Climate change contributes to widespread declines among bumble bees across continents. *Science* 367:685-688

Woodcock BA *et al.* (2016) Impacts of neonicotinoid use on long-term population changes in wild bees in England. *Nature Communications* 7:12459

著者紹介

石井 博（いしい・ひろし）

▶富山大学 理工学研究部 教授。
専門は生態学。

理学博士（東北大学）。

北海道大学、カルガリー大学（カナダ）、東京大学を経て、2008 年に富山大学に赴任。

2017 年より現職。

◉── DTP　清水 康広（WAVE）
◉── 校正　曽根 信寿
◉── カバー・本文デザイン　福田 和雄（FUKUDA DESIGN）

花《はな》と昆虫《こんちゅう》のしたたかで素敵《すてき》な関係《かんけい》 受粉《じゅふん》にまつわる生態学《せいたいがく》

2020 年 3 月 25 日　初版発行

著者　**石井《いしい》 博《ひろし》**
発行者　内田 真介
発行・発売　ベレ出版
〒162-0832　東京都新宿区岩戸町12 レベッカビル
TEL.03-5225-4790　FAX.03-5225-4795
ホームページ　http://www.beret.co.jp/
印刷・製本　三松堂株式会社

落丁本・乱丁本は小社編集部あてにお送りください。送料小社負担にてお取り替えします。

本書の無断複写は著作権法上での例外を除き禁じられています。購入者以外の第三者による本書のいかなる電子複製も一切認められておりません。

©Hiroshi Ishii 2020. Printed in Japan

ISBN 978-4-86064-610-3 C0045　編集担当　永瀬 敏章